固井液试验与评价技术

GUJINGYE SHIYAN YU PINGJIA JISHU

朱江林　编著

中国地质大学出版社
ZHONGGUO DIZHI DAXUE CHUBANSHE

图书在版编目(CIP)数据

固井液试验与评价技术/朱江林编著．—武汉：中国地质大学出版社，2020.12
ISBN 978-7-5625-4956-7

Ⅰ.①固…
Ⅱ.①朱…
Ⅲ.①固井-油井水泥
Ⅳ.①TE256

中国版本图书馆CIP数据核字(2020)第242105号

固井液试验与评价技术 朱江林 **编著**

责任编辑：王 敏 选题策划：徐蕾蕾 张 旭 段 勇 责任校对：张咏梅

出版发行：中国地质大学出版社(武汉市洪山区鲁磨路388号) 邮政编码：430074
电 话：(027)67883511 传 真：(027)67883580 E-mail：cbb@cug.edu.cn
经 销：全国新华书店 http://cugp.cug.edu.cn

开本：787毫米×1 092毫米 1/16 字数：260千字 印张：10.25
版次：2020年12月第1版 印次：2020年12月第1次印刷
印刷：武汉市籍缘印刷厂 印数：1—1 000册

ISBN 978-7-5625-4956-7 定价：52.00元

前　言

《固井液试验与评价技术》主要为钻井工程或固井工程相关专业的学生和教师，在企业从事钻井、固井作业的工作人员提供参考，也可以作为培训教材供入职新单位、从事固井工程领域的相关人员学习使用。

本书在编写的过程中，对固井试验的各方面知识和技能都做了介绍，特别是增加了较多的基础理论知识，如对波兰特水泥的水化机理、固井外加剂的作用机理、失重机理、防气窜原理都做了详细叙述。其次，书中增加了较多非常规固井液试验方法，如动态裂缝堵漏评价方法、自修复评价方法、水泥浆储层伤害评价方法和生物毒性评价方法等。再次，书中对各种复杂工况下使用的不同固井液材料体系进行了介绍，同时设计了固井液施工的规范程序。最后，书中针对固井质量的影响因素设计了相关的试验方法，特别是固井质量受地层岩性、钻井液流体性质、固井水泥性能、固井作业参数以及不同测井时间等诸多因素的影响，为读者提供了新的研究思路。

《固井液试验与评价技术》由南方海洋科学与工程广东省实验室（湛江）朱江林负责设计和统编，联合各石油院校、科研机构及石油仪器厂家共同审核。全书由朱江林编著完成，参与审稿的有中国海洋石油（中国）有限公司湛江分公司李绪深、童传新、陆江，中海油田服务股份有限公司李占东、尚磊，长江大学许明标、王晓亮，华南理工大学韦江雄、黄浩良等。同时，本书的出版获得了南方海洋科学与工程广东省实验室（湛江）、中国海洋石油（中国）有限公司湛江分公司、中海油田服务股份有限公司湛江分公司、华南理工大学、长江大学等单位的大力支持。本书在编写过程中参考了中海油田服务股份有限公司、沈阳金欧科石油仪器技术开发公司、湖北创联石油科技有限公司大量的资料，部分图片的绘制和公式的推导由华南理工大学何昱昌、南方海洋科学与工程广东省实验室（湛江）骆晓明完成。在此谨向以上单位和个人表示衷心的感谢。

由于编著者水平有限、编写时间仓促，书中不妥之处在所难免，敬请读者批评指正。

朱江林

2020 年 9 月 23 日于广东湛江

目　录

第一章　完井作业中固井的意义

一、固井概念

石油和天然气埋藏在地表以下一定深度的储油气构造中。钻井的主要目的是把埋藏在地层深处的石油和天然气开采到地面上来。把石油和天然气从地层深处引导到地面上来需要一条通道，于是人们利用机械设备，把从地表到油气层部位的地层岩石破碎掉并用钻井液把岩屑携带到地面上来以形成一个圆筒形的井眼，这种工程就是钻井。井眼仅靠钻井液的静液柱压力是不能完全巩固的，于是需要在圆筒形的井眼内把钢质套管下到一定的深度并在套管与井壁之间的环形空间注入油井水泥浆，待水泥浆凝固之后，水泥环把套管与井壁牢牢地固结在一起，达到了巩固井眼的目的，同时为地下的油气流到地面上来提供了通道，这种工程就是固井。

二、固井的目的和要求

在钻进过程中，井下常遇到井塌、井漏、井涌等复杂情况，可能导致蹩跳钻、掉牙轮、断钻具、卡钻、埋钻具、井喷失火等各种事故，使钻井生产无法正常进行，严重时会导致井的报废、海井的船毁人亡、破坏地下油气资源，造成严重的环境和完井事故。为了安全、优质、高速钻达生产目的层，保证油、气的正常开采，必须下入套管固井。因此，固井的目的有以下 4 个方面。

(1)固井最重要的作用就是封隔地层。但是对封隔地层通常没有定量的要求。对地层封隔情况检查的一种简单方法是把油气层的产量与上部和下部地层通过水泥环产出的液量进行对比。

(2)提供安装井口装置的基础，控制井喷和保证井内泥浆出口高于泥浆池，以利于钻井液流回泥浆池。

(3)保护上部砂层中的淡水资源不受下部岩层中油、气、盐水等液体的污染，这在缺水地区尤其显得重要。

(4)水泥与套管的胶结及水力压裂:人们特别重视的是剪切胶结强度，也就是水泥与套管之间的黏着强度。水力压裂产生的是拉应力的破坏作用，水泥环可能发生两种情况，水泥环内部裂缝扩张，由于克服了水泥与套管之间的胶结力水泥与套管脱开。无论哪种情况都会产生微缝隙(水泥内部裂缝或水泥与套管之间的缝隙)。对于水泥内部裂缝及其高度的变化，目前有人在进行研究以便加以解释。一般来讲，水泥环内部的裂缝高度应大致等于或最好小于压裂井段地层内裂缝的高度。如果水泥环内部的裂缝高度大于油藏内的裂缝高度，就会产生窜通。

进行固井操作时须做到以下 3 个方面。

(1)套管柱的设计必须保证该套管串的任何部位在相应的井段有足够抗拉、抗挤、抗崩强度,以保证下入井内的套管不断、不裂、不变形。

(2)套管柱的连接必须保证用规定的上扣扭矩上紧丝扣,保证不错扣和丝扣不漏失。

(3)环形空间的水泥环要求均匀和连续封固到预计的深度,且要求水泥环与井壁及套管紧密胶结和密封良好,以保证环形空间不窜、不漏,以满足油气井正常生产和分层作业的要求。

第二章　波特兰水泥特性及化学性质

第一节　概　述

一、引言

目前波特兰水泥是最重要的大量生产的胶结材料，也是使用最广泛的人造材料。几乎所有的固井施工都使用波特兰水泥。波特兰水泥在井下所处的环境与地面建筑水泥的环境明显不同。因此，需要制造特种波特兰水泥用于油井固井施工。将石灰质物质与黏土物质或其他含氧化硅、氧化铁的物质均匀混合，在烧结温度下煅烧，并将所得的熟料粉磨，制成的材料称为波特兰水泥，即硅酸盐水泥。通常将包括API(美国石油学会)各级波特兰油井水泥称为基本油井水泥，其他如触变水泥、膨胀水泥、抗腐蚀水泥等称为特种油井水泥。

波特兰水泥是最典型的常用水硬水泥。这种水泥可通过水化凝固提高强度。水化过程并不是简单的固化，其中含有水与水泥中化合物的化学反应。水泥与水混合后不仅在空气中可产生凝固和强化，在水中也能产生这一过程。水泥强度的增长是可以预先估计的，强度均匀增长并且相对较为迅速。凝固的水泥渗透率较低并且几乎不溶解于水，因此，硬化后的水泥在水中强度不受影响。水泥的这种特性对保证层间封隔是至关重要的。

本章主要介绍波特兰水泥的制造、组成成分及建筑水泥与波特兰油井水泥的差异等。此外，本书在借鉴前人研究的基础上，研究了各种化学和物理参数对水泥性能的影响，并对注水泥技术进行全面的回顾。

二、波特兰水泥的制造

生产波特兰水泥混配生料需要钙质和泥质两类典型的材料，钙质材料主要是生石灰，泥质材料主要是铝矾土、硅石和氧化铁。硅酸盐水泥的生产过程如图2-1所示。

水泥生料经粉碎、磨细、混合，在1 450℃高温下焙烧，加入一定量的石膏磨细，形成水泥熟料，再按比例加入一定量的石膏，粉碎后得到油井水泥。

三、波特兰水泥组成成分

波特兰水泥的主要矿物成分如下。

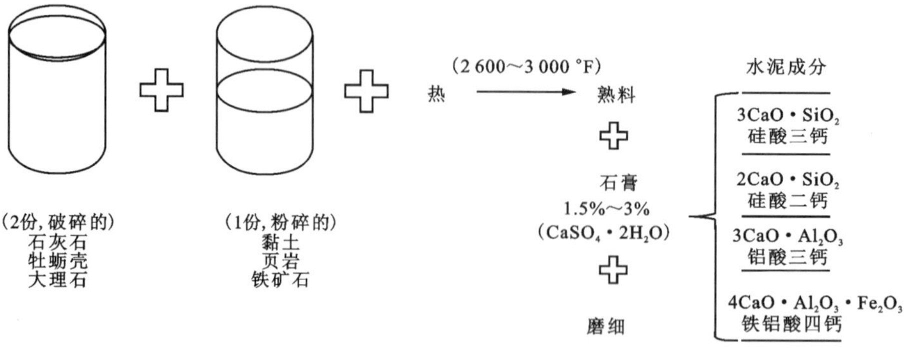

图 2-1　波特兰水泥生产过程

硅酸三钙：$3CaO \cdot SiO_2$　　简写：C_3S

硅酸二钙：$2CaO \cdot SiO_2$　　简写：C_2S

铝酸三钙：$3CaO \cdot Al_2O_3$　　简写：C_3A

铁铝酸四钙：$4CaO \cdot Al_2O_3 \cdot Fe_2O_3$　　简写：C_4AF

这 4 种矿物成分占水泥总质量的 87%以上，各种组分在水泥的水化过程中有不同的特性，因此，组成水泥的各种组分的比例不同，其水泥的性能也有所不同，从而构成不同类型的水泥。

原料矿物成分对水泥性能的影响如下。

(1)硅酸三钙：在一般硅酸盐水泥中质量分数最高，是水泥产生强度的主要化合物。水化反应速度快，早期强度发展快，最终强度大。

(2)硅酸二钙：水化反应慢，强度增长慢，能在长时间内逐渐增大水泥石的强度。

(3)铝酸三钙：是促进水泥快速水化的化合物，是决定水泥初凝和稠化时间的主要因素，对水泥浆的流动性有显著影响，并对硫酸盐的侵蚀十分敏感。因此，高抗硫酸盐水泥必须控制其质量分数小于 3%或更低。

(4)铁铝酸四钙：水化速度仅次于铝酸三钙，早期强度增长快，但早期强度与最终强度差别不大，且强度的绝对值不大，对水泥强度贡献很小，质量分数过大可使强度过早减退。

原料矿物成分对强度的影响如图 2-2 所示，4 条曲线自上而下分别为：C_3S、C_2S、C_3A、C_4AF。

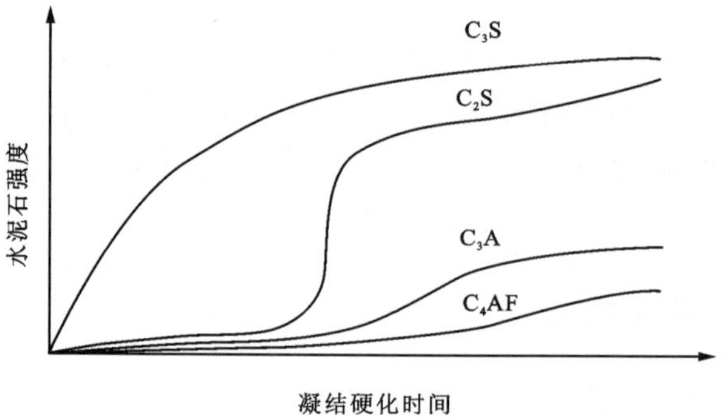

图 2-2　原料矿物成分对强度的影响

通过调节水泥矿物成分的含量，可获得各种适用于不同要求的油井水泥，如表 2-1 所示。

表 2-1　油井水泥性能要求与实现方法

性能要求	实现方法
早期强度高	增加 C_3A、C_3S 质量分数，细磨
缓凝性能好	控制 C_3A、C_2S 质量分数，粗磨
低水化热	限制 C_3A、C_3S 质量分数
高抗硫能力	限制 $w(C_3A)<3\%$，$w(C_3A+2C_4AF)<24\%$

四、建筑水泥与波特兰油井水泥的差异

1. 建筑水泥的概念与生产简述

1）概念

建筑水泥通常称为硅酸盐水泥，它是由硅酸盐水泥熟料、0～5%质量分数的石灰石或粒化高炉矿渣、适量石膏磨细制成的水硬性胶凝材料。

硅酸盐水泥可分为两种类型：Ⅰ型硅酸盐水泥是不掺混合材料的水泥，其代号为 P. Ⅰ；Ⅱ型硅酸盐水泥是在硅酸盐水泥熟料中拌和磨细时掺加不超过水泥质量 5%的石灰石或粒化高炉矿渣混合材料的水泥，其代号为 P. Ⅱ。

2）生产工艺流程简介

（1）生产工艺：两磨一烧。

（2）硅酸盐水泥熟料的矿物组成。生料通过煅烧形成具有一定矿物组成的熟料，这是生产水泥的关键。所形成的矿物组成不同，决定了水泥性质不同。

2. 硅酸盐水泥的凝结与硬化

1）水泥凝结与硬化的概念

（1）凝结——水泥加入适量的水调成水泥浆后，经过一段时间由于本身的物理化学变化逐渐变稠失去塑性的过程称为凝结。

（2）硬化——凝结后，强度逐渐提升后变成坚固的石状物质即水泥石，这一过程称为硬化。

凝结硬化总称为硬化过程，这一过程实际是一个连续复杂的物理化学变化过程，是不能分开的。

2）硅酸盐水泥的凝结硬化原理

水泥加水后，由于自身的物理化学变化，它的矿物成分很快与水发生水化和水解作用，并在水泥颗粒表面形成氢氧化钙、含水硅酸钙、含水铝酸钙、含水铁酸钙及含水硫铝酸钙 5 种主要水化产物。在水泥硬化过程中，由于新生成物的生成溶解，形成凝胶，凝胶转为结晶，以及表面碳化等过程相互交错进行，水泥变成了坚硬的水泥石。

这个过程主要有3个时期:溶解期、胶凝期、结晶期。

3)影响水泥凝结硬化的因素

(1)矿物组成:若硅酸三钙、铝酸三钙含量过多,水泥凝结硬化就快,产生的水化热也高;若硅酸二钙含量多,则水化热低,此类水泥适用于大体积工程。

(2)粒度的影响:若水泥颗粒较粗,总比表面积小,与水接触相对少些,水化就慢,水化热低,凝结则慢;若水泥颗粒较细,则影响与上相反,另外凝结后易产生收缩裂缝。

(3)温度的影响:水泥水化反应的速度与环境的温度有关,只有在适当的温度范围内,水泥的水化、凝结和硬化才能进行。水分结冰,会导致水泥石冻裂。温度的影响主要表现在水泥水化的早期阶段,对水泥水化后期影响不大。

(4)石膏的影响:量多了则影响水泥的安定性。

3. 硅酸盐水泥主要技术性质

1)实际密度与堆积密度

硅酸盐水泥的实际密度主要取决于其熟料矿物的组成,一般为3.10~3.20g/cm^3,也与贮存时间和条件等有关。受潮水泥的密度有所降低,在进行混凝土配合比计算时,通常用3.10g/cm^3。

硅酸盐水泥的堆积密度,除与矿物组成及粒度有关外,主要取决于水泥堆积时的紧密程度。疏松堆积时密度为1.00~1.10g/cm^3,紧密堆积时密度达到1.60g/cm^3,在混凝土配合比计算中通常用1.30g/cm^3。

2)不溶物

不溶物是指经盐酸处理后的残渣,再以氢氧化钠溶液处理,经盐酸中和,过滤后所得的残渣经高温灼烧所剩的物质。Ⅰ型硅酸盐水泥中不溶物质量分数不得超过0.75%,Ⅱ型硅酸盐水泥中不溶物质量分数不得超过1.50%。

3)有害矿物质的质量分数

氧化镁质量分数不得超过5.0%,水泥经蒸压安定性实验合格,则氧化镁质量分数允许放宽到6.0%,三氧化硫不超过3.5%。

4)烧失量

(1)定义:烧失量是指水泥在一定的温度和灼烧时间内失去的质量所占的百分数。

(2)Ⅰ型硅酸盐水泥烧失量不得大于3.0%,Ⅱ型硅酸盐水泥烧失量不得大于3.5%。

5)粒度

(1)定义:指水泥颗粒粗细的程度。

(2)标准:粒度是以每千克水泥所具有的比表面积表示的,按国家标准规定,比表面积不应小于300m^2/kg。

(3)测定方法:可用比表面积仪测定指定硅酸盐水泥。

(4)影响:粒度对水泥的凝结硬化程度、强度、需水性及硬化收缩均有影响。成分相同的水泥颗粒越细,与水接触的表面积越大,则水化速度快、早期强度高。但颗粒过细,粉磨过程中能耗大,使成本提高,而且在硬化时易产生裂缝,所以粒度应适宜。

6)需水性(标准稠度用水量)

(1)定义:使水泥净浆达到一定的可塑性时需要的水量。

(2)目的:为测定水泥的凝结时间、安全性、强度提供一个标准的用水量。

(3)标准:占水泥质量的24%~30%。

(4)测定方法。

固定水位:142.5mL水,经验公式 $P=33.4-0.1855$;P 为标准稠度用水。

调整水位法:此种方法比较精确,一点一点地加水直到占水泥质量的24%~28%。

7)凝结时间

(1)定义:水泥从加水开始到失去流动性,即从可塑状态发展到固体状态所需的时间,叫凝结时间。

(2)标准:初凝应大于45min,若时间太快则搅拌、运输、浇注等都来不及;终凝应小于390min,若时间过长则影响施工进度。

(3)测定方法:用标准稠度用水量的水量拌和水泥,45min以前测一次,如已到初凝,则水泥不合格。45min以后接近初凝时,每5min测一次,接近终凝时,每15min测一次。

(4)快凝现象。

假凝:假装凝固,水泥加水调制过程中无放热现象产生,拌和物很干燥,此时不加水继续搅拌可使用,对强度无影响,有黏结能力。

瞬凝:水泥加水后快凝,水化热很大,无黏结现象。此种水泥不能使用。

产生原因:假凝——水泥过细、太热,水化产物氢氧化钙易产生碳酸钙沉淀,另外石膏与熟料工磨时脱水,水化速度比铝酸三钙要快,很快形成过饱和溶液,使冰石膏结晶析出形成假凝。

8)安定性

(1)定义:凝结硬化后,固体(水泥石)体积变化是否均匀。

(2)标准:不裂缝、不疏松、不崩溃、不掉渣、不变形属安定性合格。

(3)安定性不合格原因:游离氧化钙和氧化镁过多,石膏掺量过多。

(4)测定方法:沸煮法——在10cm×10cm玻璃板上制作试块。取水泥浆75g做两块试块,在标准条件下养护24h,第二天取下来放入沸煮箱中煮3h,取出检查,煮前量取直径,煮后也量一下,看是否有变形,以手捏不碎为好。

9)水泥的强度

水泥的强度是表征水泥力学性质的重要指标,它与水泥的矿物组成、粒度、水灰比大小、水化龄期和环境湿度密切相关。为了实验结果的可比性,水泥强度必须按《水泥胶砂强度实验方法》(GB/T 17671—1999)的规定制作试块,养护并测定其抗压和抗折强度值,该值是评定水泥等级的依据。

(1)实际强度:根据实际测得的抗压强度值和抗折强度值来检测所使用的水泥是否达到所选用的水泥的强度要求。

(2)测定方法。

成型:称量水泥450g±2g

砂1 350g±1g

水225g±1g

配制胶砂→搅拌→震动→削平→养护→脱模后编号→水中养护→破型。

取值：a. 最大、最小、中间值比较<±10%

b. 最大、最小、中间值比较≥±10%

c. 最大、最小、中间值比较>±10%无效

抗压：折断后6块的抗压强度测定。

评定：将实验的强度值与国家标准进行比较，如都大于或等于说明符合国家标准，水泥是合格的，否则就不合格。

10）水化热

定义：水泥加水拌和后放出的热量，大部分水化热在水化初期7d内放出。

影响因素：水化热的大小与水泥的种类、矿物组成、粒度、水灰比、养护条件等有关。水泥水化热对大体积环境是不利的，积聚在内部不能散发，内外湿差过大引起内应力，使混凝土产生裂缝。

4. 水泥石的腐蚀与防止腐蚀的方法

1）硅酸盐水泥腐蚀的基本原因

水泥石中存在引起腐蚀的组成成分：氢氧化钙和铝酸钙。另外水泥石本身不密实，有许多的毛细通道，侵蚀性物质容易进入其内部，使水泥石的结构遭到破坏，强度渐渐降低，甚至全部溃裂。

2）水泥石腐蚀的种类

（1）淡水侵蚀（软水或溶液侵蚀）。水泥矿物组成硫酸三钙、硫酸二钙的水化产物，水泥石易受腐蚀的根源是含易受腐蚀的氢氧化钙。氢氧化钙溶于淡水、雨水、水蒸气、蒸馏水等，产生体积膨胀，使水泥石孔隙增大增多，从而降低水泥石的强度，在有流动水或有水压的情况下，氢氧化钙溶解速度加快，腐蚀就更快了。

（2）一般酸性腐蚀。酸性物质都与水泥石中的氢氧化钙反应，生成易溶于水的盐，或在水泥石中孔隙内部形成结晶，或体积膨胀使水泥石破坏。

（3）碳酸性腐蚀。工业废水及地下水中含有较多的二氧化碳，同样对水泥有侵蚀作用。

（4）硫酸盐腐蚀。海水、地下水及某些工业污水中含有大量的硫酸盐物质，它们与水泥石中的氢氧化钙反应生成体积膨胀的硫铝酸钙针状结晶和二水石膏，使水泥石遭到破坏。

（5）强碱侵蚀。质量分数不大的碱类溶液一般是无害的，但铝酸盐质量分数较高的水泥遇强碱作用后也会破坏。

3）防止水泥石腐蚀的方法

（1）根据侵蚀环境特点合理选用水泥品种。

（2）根据水泥密实度，仔细选择骨料级配，减小水灰比，施工中尽量使用机械化搅拌振捣，使用外加剂减小用水量，减少孔隙，抽真空，用吸水模板等来制得密实的混凝土。

（3）设保护层：在混凝土外部加覆盖层和贴面材料，防止侵蚀介质与水泥石直接接触。

5. 硅酸盐水泥的性质和应用

（1）凝结硬化快，早期及后期强度高，用于早强的、紧急抢修的工程。

(2)抗冻性好,适宜冬季施工。

(3)水化热大。

(4)耐腐蚀性好。

(5)耐热性差,用于高湿环境,如锅炉房等环境。

(6)抗碳化好。

(7)干缩小。

(8)耐磨性好。

6. 硅酸盐的混合改性

在水泥生产过程中,为改善水泥性能,调节水泥标号,扩大使用范围而掺加的天然或人工矿物质原料称为混合材料。混合材料根据所加矿物质的性质可划分为活性混合材料和非活性混合材料。

1)活性混合材料

活性混合材料指具有火山灰性或潜在水硬性,以及兼有火山灰性和潜在水硬性的矿物质材料。

(1)火山灰质混合材料:指具有火山灰性的天然或人工矿物质材料。

(2)粉煤灰:指从煤粉炉烟道气体中收集的粉末,主要成分是二氧化硅、三氧化二铝和少量的氧化钙,以及火力发电厂收集的废料。

(3)粒化高炉矿渣:是以高炉冶炼生铁所得的硅酸钙与铝酸钙为主要成分的熔融物,经淬冷变成颗粒后的产品。

2)非活性混合材料

非活性混合材料是指在水泥中主要起填充作用而不改变水泥性能的矿物材料(与水泥矿物组分不起化学作用),它主要起调节水泥强度、增加水泥产量和降低水泥热度的作用。常用的有磨细的石英砂、石灰粉及磨细的块状高炉矿渣与硅质炉灰等。

窑灰是指从窑废气中收集的粉尘,介于活性和非活性之间。它的主要成分是碳酸钙、脱水黏土、玻璃态物质、氧化钙,有少量的熟料矿物、碱金属、硫酸盐和石膏等。

经活性混合材料和非活性混合材料的加入,硅酸盐水泥可以得到很好的改性,以满足现实中的施工要求。

7. 建筑水泥与波特兰油井水泥物理、化学性能的区别

建筑水泥需要满足相应的早期强度和凝结时间,而波特兰油井水泥必须按照地层特点、温度和压力范围等进行规范化设计,要求严格确定水泥浆稠化时间、强度、失水、流变参数和渗透率等性能。

为形象地描述建筑水泥与波特兰油井水泥的化学组分差异,现以抗硫酸盐的波特兰油井水泥和抗硫酸盐的建筑水泥为例进行区分。抗硫酸盐的波特兰油井水泥与抗硫酸盐的建筑水泥的化学组分对比如表 2-2 所示。

表 2-2　波特兰油井水泥与建筑水泥化学组分对比

化学组分	波特兰油井水泥(%)	建筑水泥(%)
C_3S(硅酸三钙)	46～56	46 左右
C_3A(铝酸三钙)	中抗硫低于 8,高抗硫低于 3	<3.5
C_4AF(铁铝酸四钙)+C_3A	<24	没有特殊要求
MgO(氧化镁)	<6	没有特殊要求
SO_3(三氧化硫)	<3	<2.5
烧失量	<3	<3
总碱量	<0.75	<0.6

第二节　波特兰水泥的分类

由于在井内波特兰水泥所处环境与建筑工程中所处环境完全不同,所以 API 建立了专门的油井水泥分级方法。目前 API 波特兰水泥通常分为从 A 至 H 八个级别。每种水泥适用于不同的井深、温度和压力。

在某些分类方法中,根据水泥抗硫酸盐的能力(由 C_3A 质量分数来确定)进行分类:普通型(O)、中抗硫型(MSR)和高抗硫型(HSR)。它的化学性能、物理性能、常规成分和粒度分别如表 2-3—表 2-5 所示。

表 2-3　API 波特兰水泥的化学性能要求

水泥中各组分	不同级别的水泥各组分的质量分数(%)					
	A	B	C	D、E、F	G	H
普通型(O)						
氧化镁(MgO),最高	6.0		6.0			
三氧化硫(SO_3),最高	3.5		4.5			
烧失量,最高	3.0		3.0			
不溶残渣,最高	0.75		0.75			
铝酸三钙($3CaO \cdot Al_2O_3$),最高			15			
中抗硫型(MSR)						
氧化镁(MgO),最高		6.0	6.0	6.0	6.0	6.0
三氧化硫(SO_3),最高		3.0	3.5	3.0	3.0	3.0
烧失量,最高		3.0	3.0	3.0	3.0	3.0
不溶残渣,最高		0.75	0.75	0.75	0.75	0.75
硅酸三钙($3CaO \cdot SiO_2$),最高					58	58

续表 2-3

水泥中各组分	不同级别的水泥各组分的质量分数(%)					
	A	B	C	D、E、F	G	H
硅酸三钙($3CaO \cdot SiO_2$),最低					48	48
铝酸三钙($3CaO \cdot Al_2O_3$),最高		8	8	8	8	8
以氧化钠(Na_2O)当量表示的总含碱量,最高					0.75	0.75
高抗硫型(HSR)						
氧化镁(MgO),最高		6.0	6.0	6.0	6.0	6.0
三氧化硫(SO_3),最高		3.0	3.5	3.0	3.0	3.0
烧失量,最高		3.0	3.0	3.0	3.0	3.0
不溶残渣,最高		0.75	0.75	0.75	0.75	0.75
硅酸三钙($3CaO \cdot SiO_2$),最高					65	65
硅酸三钙($3CaO \cdot SiO_2$),最低					48	48
铝酸三钙($3CaO \cdot Al_2O_3$),最高		3	3	3	3	3
铁铝酸四钙($4CaO \cdot Al_2O_3 \cdot Fe_2O_3$)加二倍铝酸三钙($3CaO \cdot Al_2O_3$),最高		24	24	24	24	24
以氧化钠(Na_2O)当量表示的总含碱量,最高					0.75	0.75

注:摘自《油井水泥》(GB 10238—2005)。

表 2-4　API 波特兰水泥的物理性能要求

水泥分级			A	B	C	D	E	F	G	H
抗压强度试验	养护温度(℃)	养护压力(psi)	最小抗压强度(psi)							
养护 8h,抗压强度试验	38	常压	250	200	300	—	—	—	300	300
	60	常压	—	—	—	—	—	—	1 500	1 500
	110	3 000	—	—	—	500	—	—	—	—
	143	3 000	—	—	—	—	500	—	—	—
	160	3 000	—	—	—	—	—	500	—	—
养护 24h,抗压强度试验	38	常压	1 800	1 500	2 000	—	—	—	—	—
	77	3 000	—	—	—	1 000	1 000	—	—	—
	110	3 000	—	—	—	2 000	—	1 000	—	—
	143	3 000	—	—	—	—	2 000	—	—	—
	160	3 000	—	—	—	—	—	1 000	—	—

续表 2－4

水泥分级			A	B	C	D	E	F	G	H
稠化条件	规范测试模拟号	搅拌 15~30min,最大稠度(Bc)	最低稠化时间(min)							
高温高压稠化时间试验	4	30	90	90	90	90	—	—	—	—
	5	30	—	—	—	—	—	—	90	90
	5	30	—	—	—	—	—	—	120(最大值)	120(最大值)
	6	30	—	—	—	100	100	100	—	—
	8	30	—	—	—	—	154	—	—	—
	9	30	—	—	—	—	—	190	—	—

注:摘自《油井水泥》(GB 10238—2005)。1psi＝6.895kPa,见附表 A。

表 2－5　API 水泥的常规成分和粒度

API 级别	ASTM 标号	通常潜在的晶相质量分数(%)				常规粒度(cm^2/g)
		C_3S	β-C_2S	C_3A	C_4AF	
A	Ⅰ	45	27	11	8	1 600
B	Ⅱ	44	31	5	13	1 600
C	Ⅲ	53	19	11	9	2 200
D		28	49	4	12	1 500
E	Ⅱ	38	43	4	9	1 500
G	Ⅱ	50	30	5	12	1 800
H		50	30	5	12	1 600

一、G 级油井水泥的化学组分要求

铝酸三钙。C_3A 容易与硫酸盐反应生成钙矾石(AFt),不利于水泥石的长期稳定,对于中抗硫酸盐水泥 C_3A 质量分数限定为 8%,对于高抗硫酸盐水泥 C_3A 质量分数最大值为 3%。

硅酸三钙。中抗硫油井水泥中 C_3S 质量分数为 48%~58%,而高抗硫油井水泥中 C_3S 质量分数为 48%~65%。

铁铝酸四钙和铝酸三钙。C_4AF 和 C_3A 在熟料中通称为中间相,它是水泥熟料中对外加剂十分敏感的成分,在 G 级高抗硫型水泥中要求 C_4AF+2C_3A 质量分数不大于 24%。

氧化镁。MgO 是由石灰石原料带入,高温煅烧后形成立方晶型的方镁石。该物质的水化速度慢,完全水化可长达几年之久。在硬化后的水泥石中,MgO 水化成水镁石时体积发生膨胀，造成水泥石体积不稳定，因此要求 MgO 质量分数小于 6%，以防止水泥安定性不良。

不溶物。不溶物指游离的 SiO_2，系黏土中的晶态石英在煅烧中未发生反应所致。要求 SiO_2 质量分数不大于 0.75%，这是针对煅烧程度完全与否的一种限制。

三氧化硫。在 MgO 质量分数正常的情况下，SO_3 的存在对生成硅酸三钙有利；但若 SO_3 质量分数太大，则对熟料的生产操作不利，将影响熟料的性质。SO_3 质量分数的最大值为 3.0%，可以避免过度反应。

碱量。即 Na_2O 和 K_2O 的质量分数，适量的碱量可以改进 C_3S 的水化，但碱质量分数高时会影响水泥浆的流变性和凝结时间，故油井水泥对碱质量分数的限制很严。

标准中没有规定 f－CaO 质量分数的极限，较高质量分数的游离氧化钙能够影响水泥浆的流变性和缓凝特性，f－CaO 质量分数通常控制在 0.5%以内，如果水泥中 MgO 质量分数小于 1.5%，即使 f－CaO 质量分数达到 1.0%，仍可满足要求。

二、G 级油井水泥的物理性能要求

对 G 级油井水泥的稠化时间要求较为严格，要求在 52℃、5 200psi 条件下的稠化时间为 90～120min，15～30min 的最大稠度必须在 30Bc 内，确保 G 级油井水泥具有良好的流动性能，这些要求为注水泥作业的顺利进行创造了条件。抗压强度最低要求为 8h 下，常压 38℃时大于 300psi，60℃时大于 1 500psi，这些要求大大高于支撑井内套管所需要的强度。游离液试验测量在试验条件下的析水量要求低于 5.9%(760g 水泥浆在锥形瓶中的析水质量比)。

第三节　波特兰水泥水化作用

油井水泥的化合物是无水化合物，一旦与水接触，组成水泥的各种矿物成分将与水发生化学反应，形成过饱和的不稳定溶液，生成带有不同数量结构水的新产物，同时有热量和体积的变化，这种水泥和水的化学反应称为水化反应。

水化反应的主要阶段有调凝期、凝固期、硬化期。

对水泥水化过程的研究，主要是对在含水环境下水泥中每一种化合物的变化进行研究，并寻找每一种化合物的状态变化与多种化合物体系(波特兰水泥)的状态变化之间的关系。波特兰水泥中的几种主要化合物(C_3S、C_2S、C_3A 和 C_4AF)有不同的水化活性并形成不同的水化物。

一、硅酸盐的水化

在波特兰水泥中最多的就是硅酸盐，通常占材料总质量的 80%，主要成分是 C_3S，质量分数可达 70%，通常 C_2S 质量分数不超过 20%。这两种化合物的水化产物都是硅酸钙的水合物和 $Ca(OH)_2$。

硅酸钙的水化物 $C_3S_2H_3$，化学组分不是固定的，根据水相中钙的质量分数、温度、使用的添加剂及老化程度不同，$n(C)/n(S)$ 和 $n(H)/n(S)$ 比值发生变化，而且形态不固定，通常称之为“C－S－H胶体”，C－S－H 胶体是硬化水泥的主要胶结材料。相反，$Ca(OH)_2$ 结晶度很高，并形

成六角形片状晶体，$Ca(OH)_2$ 在硬化水泥中质量分数通常为15%～20%。

在加水初期，水化反应迅速而活跃，称为诱导阶段。这种反应对水泥浆的流变性没有明显的影响，后期才是大范围的水化反应。

C_3S 的水化速度比 C_2S 的水化速度快很多。由于 C_3S 的质量分数大，形成大量的C－S－H胶体，因此 C_3S 对水泥初凝及形成早期强度起主要作用，C_2S 水化对水泥的后期强度起作用。

由于 C_2S 的水化机理与 C_3S 很相似，所以本章仅讨论 C_3S，C_3S 的水化作用可以看作波特兰水泥水化特性的代表。

C_3S 水化过程是放热过程，因此可以用量热仪（即差热分析仪）来检测水化速度。C_3S 水化过程可分为预诱导、诱导、反应加速、反应减缓、扩散5个水化阶段，分别对应图2－3中的Ⅰ～Ⅴ期。

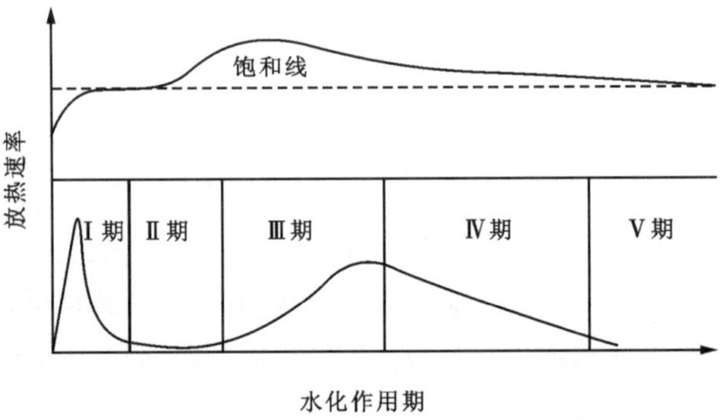

图2－3　C_3S 水化放热速率与时间关系曲线图

（1）预诱导阶段。预诱导阶段是指刚混配完后几分钟的时间。在这段时间内，由于干粉水泥遇水湿润并迅速开始水化反应，所以可观察到有大量热量形成。在预诱导阶段，还没有达到 $Ca(OH)_2$ 的临界饱和点，随着进一步水化，$Ca(OH)_2$ 的质量分数在增加。

（2）诱导阶段。本阶段可观察到相对很弱的水化反应，放热速度显著下降。C－S－H胶质缓慢沉淀，Ca^{2+} 和 OH^- 质量分数继续增加，当最后达到临界饱和度时就开始析出 $Ca(OH)_2$ 沉淀。这时又开始发生明显的水化反应，标志着诱导阶段的结束。在一定温度条件下，诱导阶段持续几个小时。

（3）反应加速及减缓阶段。在诱导阶段结束时，仅有少量的 C_3S 发生了水化。加速阶段和减缓阶段（普遍称为"凝固阶段"）是水化最快的阶段，在加速水化阶段从溶液中析出 $Ca(OH)_2$，形成晶体。C－S－H胶质充满了整个空间，水化物交互生长内聚形成网状结构，整个体系开始形成强度。随着水化物的继续沉积，该体系的孔隙度降低，最后阻碍了各种离子和水通过C－S－H网状结构的移动，并使水化速度降低。在某种环境下，这种过程要持续几天。

（4）扩散阶段。由于水泥体系的渗透率逐步降低，水化速度持续下降，水化物形成的网状结构越来越致密，水泥石强度增大，但是主要的结构没有改变，仍观察到C－S－H胶质中的硅酸盐阳离子的聚合作用。在周围湿润环境下，扩散阶段持续的时间很长，波特兰水泥晶体继续生长，并包围了正在水化的 C_3S 颗粒，这样达不到彻底的水化。

二、铝酸盐的水化

铝酸盐，特别是 C_3A 在较短水化时间内反应活性最强。尽管它的含量比硅酸盐要少，但是对于水泥浆的流变性和凝固水泥的早期强度的生成有明显的影响。C_4AF 的水化作用与 C_3A 很相似，但水化速度要慢很多。

和 C_3S 一样，C_3A 水化过程第一步也是在无水固体与水之间的界面上反应，这种不可逆反应造成质子化表面的同时分解。这种溶液很快变成铝酸钙水化物的过饱和溶液，形成沉淀。

铝酸钙水化物是不稳定的六方形晶体，它最终转变成稳定的正方体晶体 C_3AH_6，在一定条件下，这一反应要持续几天。

与水化硅酸钙不同，水化铝酸钙不是不定形体，在 C_3A 的表面并不形成保护层，观察不到诱导阶段，并且很快就达到完全水化。如果在波特兰水泥浆中不对这种水化加以控制，将对水泥浆的流变性产生严重的影响。

研磨前在水泥熟料中加入质量分数 3%～5%的石膏，来控制 C_3A 的水化。石膏与水接触后，一部分发生溶解，溶液中游离的 Ca^{2+} 和 SO_4^{2-} 与 C_3A 分解出的 Al^{3+} 和 OH^- 发生反应生成三硫二铝酸钙的水合物，称为钙矾石。图 2－4 为钙矾石晶体，图 2－5 为石膏存在条件下 C_3A 水化热谱图(25℃)，图 2－6 为石膏存在条件下 C_3A 水化过程(25℃)。

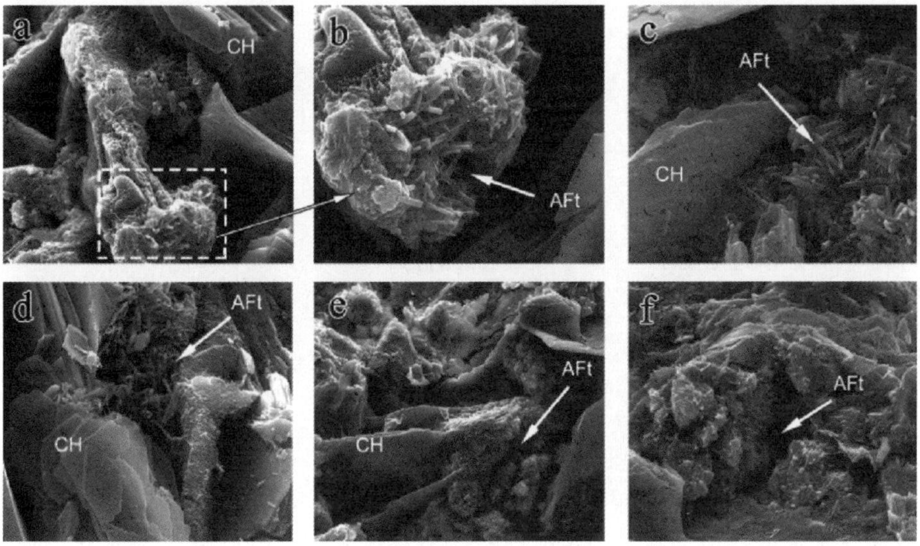

图 2－4　钙矾石晶体

这就人为地产生了“诱导阶段”。在这一阶段，石膏逐渐减少，钙矾石继续沉淀。当加入的石膏耗尽时，C_3A 水化延缓期结束而快速水化期开始。SO_4^{2-} 质量分数迅速降低。钙矾石变得不稳定，转变成片状硫铝酸钙水合物。剩余的未水化的 C_3A 形成铝酸钙的水合物。

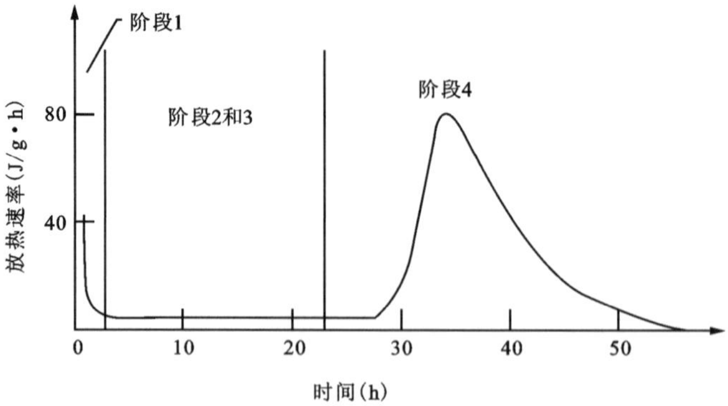

图 2-5　石膏存在条件下 C_3A 水化热谱图(25℃)

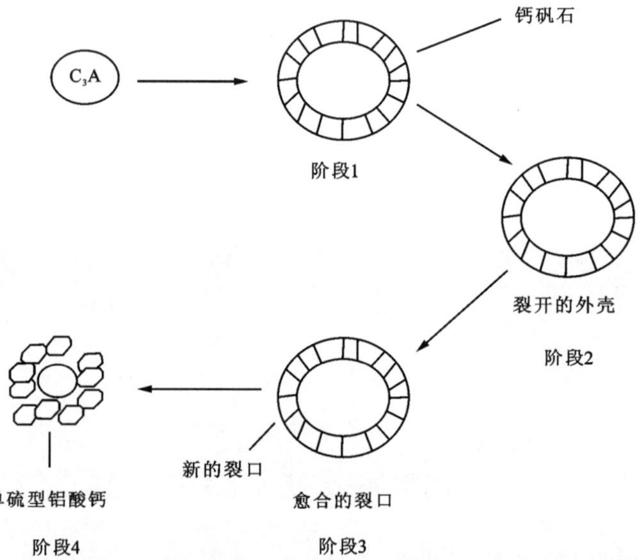

图 2-6　石膏存在条件下 C_3A 水化过程(25℃)

三、波特兰水泥在高、低温下的反应机理

高、低温下水泥的反应与室温下的水化行为有许多不同。水泥的主要水化反应不是简单的溶解与沉淀过程，本质上都是固态反应。这些局部化学反应主要发生在硅酸盐、铝酸盐、铁铝酸盐各自的表面，而它们本身几乎不溶于水，水化过程中的其他离子，如 SO_4^{2-}、Ca^{2+}、Na^{+}、OH^{-} 可由溶液中进入表面。

1. 低温下油井水泥的反应机理

低温下油井水泥的反应机理具有下述特点：

(1)波特兰水泥及其组成相在－5℃时仍能水化，但在－10℃时，水化反应趋于停止。

(2)C_3S的水化非常慢，与室温下形成的相同的水化产物相比，化合物形态有差别。

(3)该温度下，C_2S几乎不水化。

(4)使用促凝剂可提高凝固速度，并促进抗压强度的形成。

2. 高温下油井水泥的反应机理

高温下油井水泥的反应机理具有下述特点：

(1)温度高达100℃以上的水泥水化将形成不同的水化产物，开始出现水化硅酸钙晶体，来自水泥熟料矿物的所有杂质离子包含于固溶体中。

(2)主要产物：水化硅酸二钙，当温度高于200℃时，硅酸三钙水化生成$C_6S_2H_3$，上述水化硅酸盐的形成，引起水泥石强度衰退。

(3)加入质量分数35%～40%的硅，生成雪硅钙石，当温度高于150℃时，则生成硬硅钙石和白钙沸石，从而提高了水泥石的热稳定性，抗压强度不降低。

(4)无$Ca(OH)_2$存在，但反应促进了水化硅酸钙晶体的形成。

(5)C_3A与C_4AF生成的中间产物与水化硅酸钙晶体形成一体，残余物继续反应形成水榴石和单硅铝酸钙。

四、波特兰水泥水化影响因素

1. 矿物组分的影响

油井水泥熟料矿物的水化速度由快至慢排列顺序为：

28d内　$C_3A>C_4AF>C_3S>C_2S$

180d后　$C_3A>C_3S>C_4AF>C_2S$

水化速率如图2-7所示。

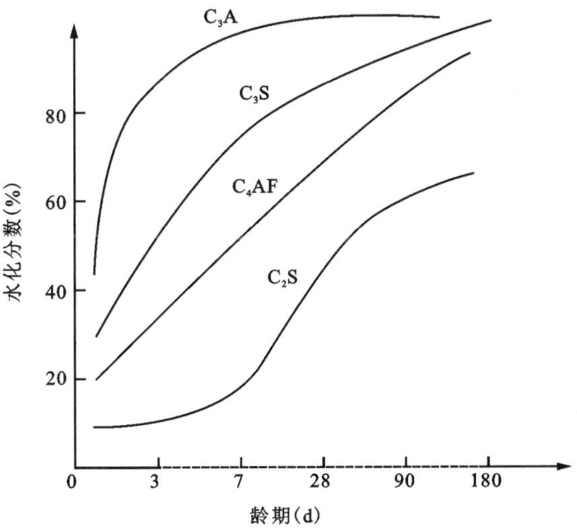

图2-7　水化速率

2. 温度的影响

温度是影响波特兰水泥水化反应的主要因素之一，主要是影响水泥的水化速度、水化物的性质以及稳定性和形态等，故提高温度能加快水泥的水化速度。

图 2-8 所示的放热曲线，温度较高时诱导阶段和凝固阶段都很短，在凝固阶段水化速度很高，但按照延伸了的曲线，水化程度和最终强度通常都降低。这一现象主要是因为在 C_3S 的表面形成了一层致密的 C-S-H 胶质层，阻碍了水泥的完全水化。

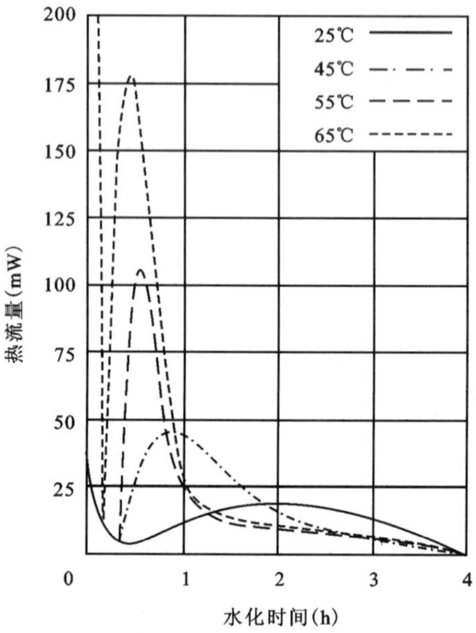

图 2-8　温度对水泥水化的影响

温度达到 40℃，它的水化产物与在一般条件下的水化产物相同。在高温下，C-S-H 胶体的微观结构及形态发生了某些变化：材料变成纤维状的结构，并可观察到高的硅酸盐聚合度。当养护温度超过 110℃时，C-S-H 胶质不再稳定，最终生成硅酸钙水合物晶体。

温度的升高加速了铝酸盐水合物六角形晶体向立方体晶体的转变。当温度超过 80℃时，直接形成 C_3AH_6。硫铝酸钙的特性也与养护温度有关。当温度超过 60℃时，钙矾石成为不稳定物质，分解成单硫铝酸钙和石膏。

3. 水泥粒度的影响

水泥的粒度分布是影响水泥活性及水泥浆的流变性的重要参数。通常以浊度测量(Wanger 法)或通过测量稍微压实一薄层水泥的空气渗透率(Blaine 法)来确定。假定水泥颗粒是球形的，以此来计算其理论上的表面积，但与 BET 气体吸附法测量的结果相比数值偏小。

湿润水泥并配制可泵水泥浆所需的水灰比与表面积直接相关。因此，为了保持性能稳定，水泥厂应控制水泥的粒度。

抗压强度的增长也与水泥的表面积有关。一般来说,粒度分布范围较窄的水泥形成的抗压强度高。研究表明,表面积增大加快了水化速度,但很难将表面积的影响与化学组分的影响加以区分。通过对油井水泥的选择研究发现用 Blaine 法粒度和稠化时间之间有良好的对应关系。

4. 水灰比的影响

水灰比的变化会影响溶液中离子的浓度,所以水泥的水化速度与水灰比有密切的关系。从水泥熟料矿物的溶解和水化角度来看,水灰比越大,在同一时间内水泥的水化程度就越高,也就是说水化速度加快了。但是在实际固井作业中,为保证固井质量,在允许的条件下要尽可能降低水灰比。

5. 压力的影响

提高压力将加速水泥水化。因此对于深井固井作业,随着施工压力和温度的升高,水泥的稠化时间缩短。为了满足施工要求,通常使用缓凝剂以减缓水化速度。

6. 水泥老化的影响

袋装或罐装波特兰水泥暴露在空气中或处在高温环境中,它的性能都会受到严重的影响,主要影响有 4 个方面。

(1)稠化时间增加。

(2)抗压强度降低。

(3)水化热降低。

(4)水泥浆黏度增加。

这些变化主要是由硅酸盐水化物的碳化作用和游离的氧化钙部分水化造成的。上述过程的反应速度与贮存环境的温度有直接关系。研究表明,在装卸操作中将水泥暴露于空气中影响十分严重。

在温度高的地区贮存波特兰水泥,罐内温度足以使石膏脱水。这种水泥更容易出现“假凝”现象。因此,在进行特殊井的固井施工设计时,必须十分谨慎,要对准备上井使用的或已经上井的水泥取样进行化验。如果水泥杂质中硫酸钾含量高,这种杂质与石膏发生反应将生成钙明矾。这一反应过程中释放出的水会使铝酸盐重新水化。当水泥最终水化时,铝酸盐和硫酸盐之间出现不平衡,就会导致假凝。

7. 碱金属的影响

波特兰水泥中的主要碱金属元素为钠和钾,已经证明这两种元素影响水泥凝固和强度的形成,因此这些元素的质量分数通常控制在 1%以下(以氧化物形式表示)。

碱金属对于强度形成的影响是不可预测的,这与许多因素有关。碱金属既能提高抗压强度,又能降低抗压强度。研究表明,碱金属提高了水泥的早期强度,却降低了水泥的后期强度。

五、波特兰水泥水化过程的闪凝与假凝

1. 闪凝现象

把波特兰水泥熟料单独研磨(即不加石膏),再与水混合,C_3A 会迅速发生反应,温度明显升高,发生不可逆的稠化现象,这种现象称为闪凝,有时称为早凝。

如前面对铝酸盐水合物的讨论中所述,通过在该体系中加入石膏可对 C_3A 的水化进行控制。这就是在制造波特兰水泥时将石膏与熟料一起研磨的道理。为了使水泥达到最佳性能,加入的石膏量必须与参加反应的水泥熟料活性相适应。

需要指出的是,当水泥中石膏的质量分数与熟料的活性不相匹配时,仍会发生闪凝现象。但目前还没有一种确定最佳石膏加量的规则,这取决于水泥粒度分布、碱度和铝酸盐质量分数等参数。

2. 假凝现象

假凝现象通常是由水泥中存在的半水石膏或可溶性无水石膏过量的溶解,使浆体液相成为过饱和硫酸盐溶液,从而使石膏快速结晶而引起的。此时析出针状二水石膏,继而形成网状结构。它不是水泥中 4 种主要矿物的水化产物,而是石膏的相变产物。此外,通常水泥在研磨或贮存过程中,石膏会脱水形成半水石膏,从而造成水泥浆在配制过程中出现假凝。假凝使浆体刚性增加很快,而又无大量放热现象,因此,若立即搅拌浆体,刚性将被消除,塑性又重新恢复。

假凝可由生产厂家在油井水泥生产过程中降低粉磨机温度进行控制。这可通过外部喷水,使粉磨机冷却至 80℃以下进行控制。如果在高温季节或缺水季节,水泥粉磨机冷却控制不严,所生产的油井水泥就有可能出现假凝现象。此外,烧结不好,熟料出现生烧或过烧,就会造成 f－CaO 增加,促进石膏脱水,这也可能出现假凝现象。假凝可使水泥浆在进行稠化试验过程中出现“鼓包”现象,在固井施工过程中途出现泵压增高,因此,应严格控制产品质量,防止在固井施工过程中出现假凝现象。

水泥浆出现的闪凝和假凝现象是固井工程必须关注的问题。使用易闪凝的水泥固井容易发生固井事故,故切忌在固井中使用这种水泥。水泥浆出现假凝现象,可在室内试验过程中,调整水泥外加剂种类与加量来消除假凝现象。目前的方法是加入分散剂来减小假凝对水泥浆流变性能的影响。有时假凝是由水泥外加剂不相容造成絮凝引起的,故应用现场固井用水泥进行室内试验,如发现假凝,分析原因,更换外加剂来消除假凝,才能进行固井作业。

在固井施工中,如果出现未预测的突发水泥浆假凝而引起小范围的泵压增高时,应冷静处理,切忌停泵,在地层破裂压力允许范围内,应适当提高泵压,待水泥浆恢复流动后,泵压就会慢慢地降下来。

第三章　固井液添加剂及反应机理

第一节　概　述

在油井固井中，波特兰水泥有时用于低于冰点的永冻层和高达350℃的热采及地热井中，压力范围从接近常压（浅井）到高达200MPa（深井）。除了温度和压力，固井水泥还要能够对付松软地层、多孔隙地层及腐蚀性液体和高压地层流体等。但是通过研究水泥添加剂，完全能够应付诸多的复杂情况。通过加入添加剂改善水泥浆的性能，它能很好地充填在套管与地层之间，快速形成抗压强度，并在油井生产期间具有良好的层间封隔能力。

目前已有100多种油井水泥添加剂在使用，其中许多种添加剂还能以固、液两种形式供给。通常情况下把它们划分成8类。

（1）速凝剂：指能缩短水泥浆凝固时间，加快抗压强度形成速度的化学剂。

（2）分散剂：指降低水泥浆黏度的化学剂。

（3）降失水剂：指能控制水泥浆中水相向地层滤失的材料。

（4）缓凝剂：指能延长水泥浆凝固时间的化学剂。

（5）充填剂：指能降低水泥浆密度，或者减少单位凝固体积中水泥量的材料。

（6）加重剂：指增加水泥浆密度的材料。

（7）堵漏剂：指控制水泥浆向弱胶结或孔洞性地层漏失的材料。

（8）特种添加剂：指复配添加剂，如消泡剂、防腐材料等。

本章将对上述几类添加剂逐一进行讨论，包括添加剂的物理、化学性质，添加剂的实例以及作用机理。

第二节　速凝剂主要作用机理

速凝剂用于加速油井水泥的凝固，或者加速硬化过程，提高水泥石的早期强度。常用的速凝剂有以下几种。

1. 速凝剂种类

1）无机盐类

氯盐：$CaCl_2$、$NaCl$、NH_4Cl、$FeCl_3$、$AlCl_3$ 等。

硫酸盐及其他盐：Na_2SO_4、K_2SO_4、Na_2SiO_4 等。

碱：$NaOH$、KOH、$Al(OH)_3$ 等。

$CaCl_2$ 一直是常用的促凝剂，加量占水泥总量的 2%～4%，稠化时间缩短 60%以上。$CaCl_2$ 速凝机理是加速钙矾石的形成，消耗石膏，改变 C－S－H 凝胶屏蔽层的结构，增加渗透率。

NaCl 作促凝剂有一定的加量范围，一般 10%（占水质量）以下有促凝作用；在 10%～18%既不促凝也不缓凝；当大于 18%时表现为缓凝作用。

Na_2SiO_4 又称水玻璃，既可作促凝剂，又可作水泥填充剂，可与 Ca^{2+} 生成额外 C－S－H 胶核，加速诱导阶段的结束，缩短水泥浆的凝结时间。

2）有机化合物

有机化合物主要包括甲酸钙、草酸、三乙醇胺、三乙渣、三聚氰胺甲醛树脂等。

三乙醇胺是常见的有机促凝剂，它主要加速 C_3A 的水化，先生成六方、后生成立方铝酸盐水化物，并在 $C_3A-CaSO_4-H_2O$ 体系中加快钙矾石的生成，同时却延缓 C_3S、C_2S 的水化。所以，三乙醇胺在铝酸盐中促凝，在硅酸盐中缓凝，一般不单独使用，常与其他外加剂配伍使用。

3）复合促凝早强体系

复合促凝早强体系包括 $CaCl_2+Na_2SO_4$、$CaSO_4+NaNO_2$＋三乙醇胺、三乙醇胺＋NaCl、三异丙醇胺＋亚硝酸钠、$Na_2SO_4+NaNO_2$、甲酸钙＋$NaNO_2$ 等。

2. 速凝剂主要作用机理

1）常用无机盐类促凝剂

氯化物是最常用的油井水泥促凝剂。其他如碳酸盐，硅酸盐，铝酸盐，硝酸盐，硫酸盐以及钠、钾、铵的氢氧化物，也都是油井水泥促凝剂。

以上促凝剂，按阳离子或阴离子促凝强弱排列出下列顺序：

$Ca^{2+}>Mg^{2+}>Li^{+}>Na^{+}>H_2O$

$OH^{-}>Cl^{-}>NO_3^{-}>SO_4^{2-}>H_2O$

氯化钙是最有效、最经济的促凝剂。它的正常加量为 2%～4%(BWOC，外加剂掺量占水泥质量的百分比)，它的稠化时间在 50℃条件下，可由 152min 缩短至 59min。当加量超过 6%(BWOC)时可能发生先期凝固，而且其结果难以预计。

氯化钠影响油井水泥的稠化时间和抗压强度的发育，这均取决于它的质量分数和环境温度。氯化钠质量分数在 10%(BWOW，外加剂掺量占水质量的百分比)以下时为促凝剂；氯化钠质量分数在 10%～18%(BWOW)范围既不促凝也不缓凝，它的稠化时间与新鲜水配浆时相似；而当氯化钠质量分数提高到 18%(BWOW)以上时表现出缓凝作用。当然，氯化钠不是一个很好的促凝剂，只有在施工现场氯化钙缺货或特殊情况下才使用。

在近海区域或者海上施工常用海水配浆。海水中氯化钠的质量浓度约 25g/L，可引起促凝，海水中氯化镁的质量浓度约 1.5g/L，也应同时计入。

硅酸钠通常用作水泥的充填材料，但它也有促凝作用。在水泥浆液相中硅酸钠和 Ca^{2+} 反应生成水化硅酸钙 C－S－H 胶核，从而促使水泥水化诱导期提前结束。

2)常用有机化合物促凝剂

油井水泥有机促凝剂包括甲酸钙、草酸和三乙醇胺。三乙醇胺在铝盐中为促凝剂,在硅盐中缓凝,所以一般不单独使用,而是和其他外加剂配伍使用以缓解或消除由某些分散剂引起的过缓凝作用。

3)早强剂 $CaCl_2$ 的作用机理

$CaCl_2$ 是最通用的油井水泥促凝剂,因其作用机理很复杂,以下仅就其可能进行的物理、化学反应进行讨论。

(1)对油井水泥水化作用的影响。根据前人研究结果(Bensted,1978),$CaCl_2$ 可以加速铝盐或石膏体系的水化速度而起到促凝作用。Cl^- 促进钙矾石的形成直到石膏被消耗完为止。微针状结晶钙矾石的生长将加快水泥凝结。如果体系中有游离 C_3A 存在,则将生成一氯铝酸钙($C_3A \cdot CaCl_2 \cdot 10H_2O$)。

与以上观点相反,Gstalder 等(1996)认为促凝剂并非促进 C_3A 的水化,而主要是促进 C_3S 的水化。$CaCl_2$ 的促凝作用是通过纯硅酸盐(C_3S 和 C_2S)的水化而得到证实的。

(2)水化硅酸盐凝胶 C-S-H 结构变化。油井水泥的水化是水和离子通过水化初期在粒子表面形成的屏蔽层而进行的,因此水化速率受水和离子扩散控制并强烈地依赖于屏蔽层的渗透率。由此可见,如果改变水化硅酸钙凝胶的结构提高其渗透率,无疑将对促进水化有益。已有研究表明,$CaCl_2$ 的存在可使 C-S-H 凝胶转化为絮状松散结构而明显地提高水化速率。这一结果已为纯 C_3S 的水化过程所证实。在 $CaCl_2$ 存在的条件下,C-S-H 凝胶的 $n(C)/n(S)$ 比值较高并有多皱的薄片结构,所以其比表面积较大,同时水化硅酸钙的孔隙尺寸变大,这些均使水化硅酸钙结构疏松,渗透率增大。$Ca(OH)_2$ 的形态结构也因 Cl^- 的存在发生了变化。

(3)Cl^- 的扩散作用。有许多学者对矸金属、矸土金属氯化物的阳离子和阴离子的扩散速度进行过研究。Cl^- 的扩散系数比阳离子的大得多,因此 Cl^- 扩散入水化硅酸钙凝胶屏蔽层的速度大于 Ca^{2+} 的速度。这样势必引起 OH^- 向外反扩散来保持电平衡,因此羟钙石沉积而提前结束了水化诱导期。

有的学者认为,$CaCl_2$ 促进 C_3S 水化是因 Cl^- 比 OH^- 小,进入 C-S-H 凝胶层较容易,这样可使胶粒内压力很快升高,使 C-S-H 凝胶表层早期破坏而加快了水化速度。

(4)液相组成的变化。$CaCl_2$ 的存在强烈地改变了水泥浆液中的离子分布。Cl^- 在水泥水化诱导期中并不参与水化产物的组成,但 Cl^- 的介入降低了 OH^- 和 SO_4^{2-} 的质量分数而提高了 Ca^{2+} 的质量分数。

在大量的研究中发现:大量的无机盐对 C_3S 的水化有影响。$CaCl_2$ 的加入提高了液相中 $Ca(OH)_2$ 的溶解度,而加快了 C_3S 的水化速度。相反,当使用高质量分数的 NaCl 来降低液相中$Ca(OH)_2$的溶解度时,则出现缓凝现象。

此外,钙盐的加入影响 C_3S 的溶解速率,随时监测液相中钙的质量分数时发现,当体系中有 Cl^- 存在时,可提前达到 Ca^{2+} 的最高质量分数,同时提前出现 $Ca(OH)_2$ 和提前结束诱导期。

总之,$CaCl_2$ 对油井水泥促凝作用的影响是错综复杂的,其中包括了许多物理、化学作用。不过可以指出的是,Cl^- 的存在改变了 C-S-H 凝胶的结构并提高了它的渗透率。$CaCl_2$ 在水泥浆体系中显著地改变了液相中离子的分布,从而加快了水化速度。

4)早强剂 $CaCl_2$ 的副作用

$CaCl_2$ 除可促进油井水泥早期凝结之外，还要考虑其他几种作用，其中某些作用是不利的，要根据井下条件谨慎使用 $CaCl_2$。几个比较突出的副作用概述如下。

(1)水化热。由于 $CaCl_2$ 的加入，在水泥浆混拌的最初几个小时内，放热速率提高，因而使周围地层特别是套管的温度升高。据测定，温度可能升高 21～33℃，这是注水泥后水泥水化自动加速的结果。应该引起重视的是，温度升高会使套管膨胀，同时由于钢和水泥石的膨胀系数不同，有可能使套管和水泥环脱离，导致“热微环隙”和层间窜流。

(2)水泥浆的流变性。$CaCl_2$ 可使水泥浆的屈服应力值增大，但起始并不影响水泥浆的塑性黏度。在水化 30min 以后，塑性黏度开始增大。含有 $CaCl_2$ 的水泥浆有较强的触变性，所以很少出现粒子沉降问题。

(3)抗压强度。在注水泥后最初几天，$CaCl_2$ 会显著地加快水泥抗压强度的增长，这种影响的程度取决于其质量分数和渗透率。与净浆相比，加有 $CaCl_2$ 的水泥体系，真实表现出渗透率下降，这是由于水化反应产物的体积比反应物体积大。当净浆与加有 $CaCl_2$ 水泥浆体系的水化程度相当时，后者的渗透率较大。

(4)抗菌素硫酸盐能力。因为 $CaCl_2$ 使水泥石的渗透率下降，故加有 $CaCl_2$ 的水泥浆体系抗硫酸盐侵蚀能力下降。

第三节　分散剂主要作用机理

水泥分散剂，建筑业称之为“超级增塑剂”，是通过调节颗粒表面电荷以获得合适的水泥浆流变性。分散剂又称减阻剂，是指能减小水泥浆稠度、分散水泥浆体的化学剂。它可以提高水泥浆的可泵性，降低一定流速下的泵压，使注水泥施工顺利进行。油井水泥浆是一种高浓缩固相颗粒水基悬浮体，固相体积分数可高达 70％。这种悬浮体的流变性能与悬浮液的流变性、固相体积分数和固相颗粒间的相互作用直接有关。在水泥浆水相中含有大量的离子核和有机添加剂。所以水的组成不同，流变性也随之不同；水泥浆的固相体积分数直接决定水泥浆密度，而颗粒间的相互作用则取决于表面电荷分布。

1. 分散剂种类

1)木质素磺酸盐及衍生物

木质素磺酸盐及衍生物主要包括木质素磺酸钙(钠)、铁铬盐。它的优点是成本低、来源广，但有缓凝、易发泡等副作用。可用磺化胺醛偶氮盐保护木质素芳环上的羟基消除其缓凝作用；用 1,2 -二甲基醇- 4,5 -二羟基-咪唑酮改性消除木质素磺酸盐易起泡作用。

2)环芳基磺酸盐甲醛缩合物

环芳基磺酸盐甲醛缩合物即由煤焦油或其他含芳香族化合物化工副产物经深加工得到的产品，易溶解，吸附性强，可牢固地吸附于水泥颗粒表面，减阻效果好，分散作用明显，形成致密的水泥石。可将水泥密度由 $1.89g/cm^3$ 提到 $2.06g/cm^3$。掺量一般为 0.5％～1.5％，不能用于盐水泥浆。

3)水溶性密胺树脂

水溶性密胺树脂即磺化三聚氰胺甲醛树脂，它是由三聚氰胺、甲醛和焦亚硫酸钠为原料经加工、磺化、缩合后制成的一种高分子聚合物。它与芳香族萘系分散剂一样具有稳定的六元共轭环，亲水基磺甲基($—CH_2SO_3^-$)比一般分散剂的亲水基磺酸基($—SO_3^-$)具有更强的水化作用，因此分散效果尤为明显且不缓凝，但价格昂贵。

4)磺化醛酮缩合物

磺化醛酮缩合物即用甲醛、丙酮和焦亚硫酸钠在一定条件下反应制得，它成本低、无缓凝、无起泡副作用，可用于高温高压井段的固井。

5)磺化乙烯基类聚合物及衍生物

磺化乙烯基类聚合物及衍生物主要包括磺化聚苯乙烯或与其他单体，如马来酸酐、丙烯酸、丙烯酰胺等的共聚物。它们具有稳定性好、耐高温、不起泡、不缓凝和减阻效果明显等特点，在盐水质量分数从5%～37.5%的水泥浆中有明显的分散减阻效果，但成本高。

2. 分散剂的主要作用机理

1)分散剂在水泥颗粒上的吸附

分散剂吸附在水泥颗粒上是产生分散作用(在混凝土中称“减水”)的原因，这一点被更多的学者所认同。吸附作用还可用于解释缓凝剂、促凝胶、降失水剂的作用机理。人们对水泥浆体系中存在吸附作用认识的逐步深入表现在外加剂的发展与创新，如分散剂经历了木钙(1940年)、密胺(1970年)、萘系(1980年)、磺化缩合物(包括脂肪族、氨基磺酸，1985年)、聚羧酸类(1990)的发展过程。再如固井用缓凝剂，最初应用的木质素磺酸盐、纤维素衍生物、羟基羧酸盐、有机磷酸盐以及无机盐，由于上述分散剂不耐温，目前开发出聚合物类缓凝剂应用于高温条件。水泥浆体系中的吸附是一个复杂的过程，人们对吸附现象仍旧在进行更为精细和深入的研究，以便了解宏观现象下的微观世界，这将有助于材料科学的创新与发展。

北京工业大学王子明(2006)较为深入地研究了分散剂对水泥各物相的吸附情况，提出①不同类型高效减水剂(又称分散剂)在水泥矿物上的吸附量由大到小的顺序为：萘系＞脂肪族＞氨基磺酸盐＞聚羧酸盐，聚羧酸盐在C_2S上的吸附量高于其他类分散剂；②各物相对分散剂的吸附顺序为：$C_3A>C_4AF>C_3S>C_2S$，对聚羧酸类C_2S物相吸附最高；③硅酸盐物相比表面积增大对分散剂吸附量增加，而铝酸盐物相对分散剂的吸附量与比表面积无关；④水泥矿物中的氟石膏对分散剂的吸附量高于二水石膏和硬石膏；⑤由于C_3A吸附强，水泥中C_3A质量分数的微小差别对水泥适用性影响大。

清华大学李崇智(2004)总结了减水剂吸附作用机理的内涵，提出①萘系、密胺属于阴离子型，氨基磺酸属于阴离子与两性的复合型，聚羧酸种类多，多属于阴离子和非离子型，分散剂结构不同，它在水泥颗粒上的吸附也不同；②水泥颗粒通过分子间力、化学键力、氢键、静电引力等吸附分散剂分子降低表面能，不同水泥物相对减水剂的吸附速度和吸附量不同，顺序为：$C_3A>C_4AF>C_3S>C_2S$，对于聚羧酸分散剂，分子中EO链增大时，吸附量将减少。

分散剂可以在水泥颗粒表面发生致密吸收，$—SO_3^{2-}$、$—COO^-$可与水泥水化产生的Ca^{2+}形成不溶的络合物包裹在未水化的水泥颗粒表面，使水泥水化速度迅速降低，延缓水化反应，使水泥可溶性碱降低，甚至造成分散剂加量多时产生泌水现象。萘系分散剂通过静电斥力使水泥颗粒分散，而聚羧酸减水剂通过立体位阻使水泥颗粒分散。分散剂分散作用机理如下：

(1)吸附形态与分散机理。萘系和密胺类是高分子缩合物，在水泥颗粒表面呈刚性链横卧吸附，而形成阴离子性表面吸附层，静电斥力产生分散作用(图 3-1)；聚羧酸系和氨基磺酸系是多支链结构，形成齿轮型或引线型吸附，主要靠立体位阻作用吸附保持颗粒分散。不同分子量分散剂存在竞争吸附，大分子量吸附点多，能在短时间内锚固在水泥颗粒表面，低分子量缓慢获得吸附。

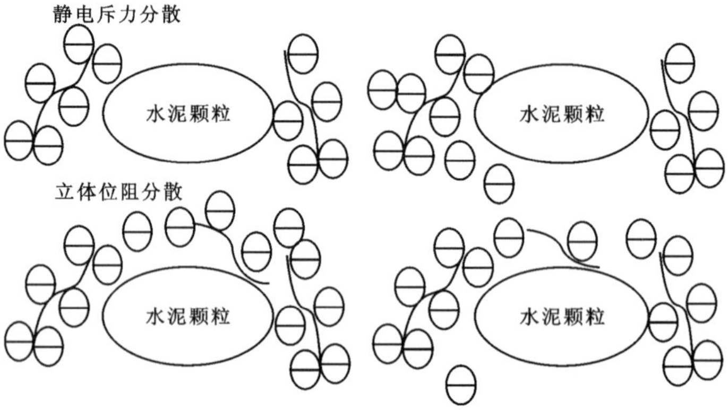

图 3-1　分散剂的分散机理

(2)从位能理论上解释。认为静电斥力是热力学亚稳定，而位阻是热力学稳定。聚羧酸分散剂分子中的羧基、磺酸基提供静电斥力而 EO 侧链使颗粒表面溶剂化层增厚，起位阻作用，所用聚羧酸能使水泥颗粒分散而稳定。

(3)活性高分子的化学反应产生的分散作用。为了减少初始分散过高造成泌水，而在后期分散作用损失过快的矛盾，设计了一种分子链上有内酯、酰胺等基团，在水泥水化反应中分子结构中的活性点逐步断裂产生新的吸附点，而获得分散作用，弥补分散作用损失过快的缺点，如图 3-2 所示。

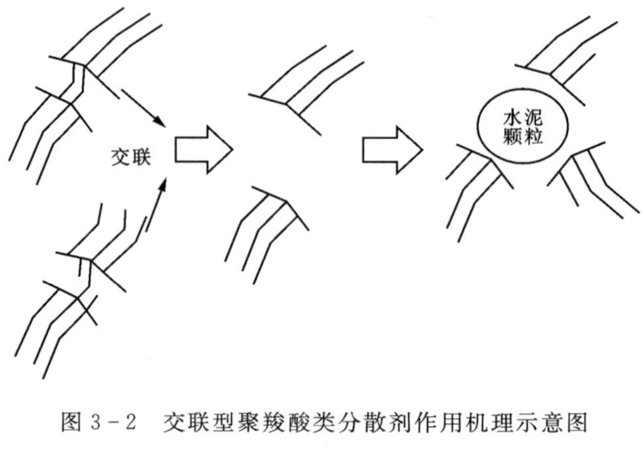

图 3-2　交联型聚羧酸类分散剂作用机理示意图

2)界面电位与分散作用

分散剂在水泥颗粒上获得吸附,能产生分散作用,这是因为水泥与水接触后,在水泥颗粒表面存在正电荷、负电荷,其中铝酸盐物相(C_3A、C_4AF)表面带正电荷,硅酸盐物相(C_3S、C_2S)带负电荷,通过正负电荷的作用,使水泥颗粒形成一种连续网状结构,并包裹水泥浆体中的自由水,使水泥浆丧失流动性。加入分散剂(一般为聚阴离子大分子)后,分散剂吸附在水泥颗粒带正电荷的表面使水泥颗粒带负电荷,由于电荷间的斥力,释放自由水并获得浆体的流动性,起到分散作用。

佟曼丽(1996)认为,C_3S、C_2S 物相表面水化后,水泥颗粒带负电荷,液相中游离的 Ca^{2+} 与颗粒表面负电荷作用,形成桥接,使颗粒聚集、絮凝,水泥浆流动性丧失。加入聚阴离子分散剂后,吸附在水泥颗粒正电荷位置,使水泥颗粒间带相同的负电荷,静电斥力起到分散作用。

其实水泥颗粒与水泥浆中的空隙溶液存在双电层。王子明(2014)研究了水泥各物相在水泥浆体中的 Zeta 电位、Zeta 电位与吸附量的关系、不同分散剂对水泥 Zeta 电位的影响等。王子明将所研究的结果概括如下:①水泥中各物相在水泥浆中表现出不同的 Zeta 电位,通常硅酸盐物相显示为负电性,铝酸盐物相显示为正电性,如图 3-3 所示;②加入分散剂后,水泥颗粒表面带正电荷性,不同分散剂吸附水泥颗粒后,水泥颗粒表面的负电位绝对值差距较大,醛酮缩合分散剂同萘系分散剂使水泥颗粒表面负荷性绝对值较大,其次为氨基磺酸盐,聚羧酸类分散剂表面负电位绝对值最小;③空白水泥浆中(即不加入外加剂)表面电位随水化进行逐渐变为负值,而加入分散剂的水泥颗粒表面电位变化不大;④水泥颗粒吸附分散剂的量与颗粒表面电位无对应关系。

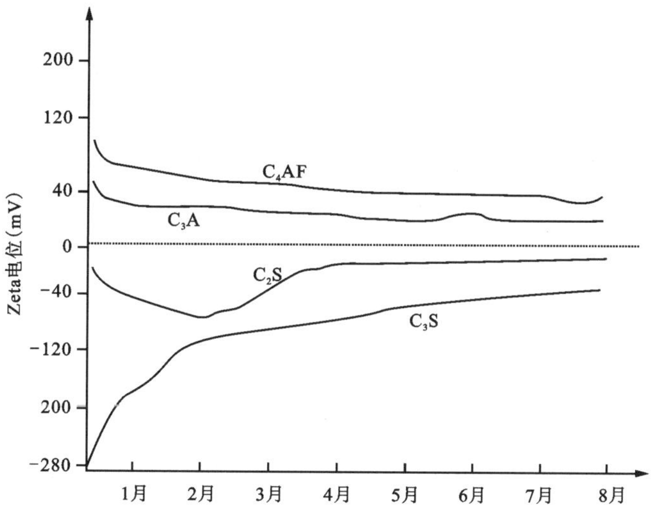

图 3-3　水泥各物相在水泥浆空隙溶液中的 Zeta 电位

3)分散剂与其他外加剂间的"竞争吸附"

在水泥浆体系中,各外加剂一般多为带极性基团的聚合物或小分子,极性基团包括—OH^-、—COO^-、—O^-、—NH_2 等,这些极性基团与水泥水化后产生的 Ca^{2+} 螯合能力不同,以及外加剂分子大小、电荷密度等,造成了不同外加剂在表面水化而带电荷的水泥颗粒表面吸附能力不同，带电荷的水泥颗粒表面在水泥水化初期是有限的，所以不同外加剂就存在相互竞争吸附现象，这种竞争吸附还包括已吸附的外加剂分子会被吸附能力更强的外加剂所取代。这是对“竞争吸附”的简单描述，其实要弄清各种外加剂共存的水泥浆体系中存在的竞争吸附是比较困难的，但这一理念有助于解释和指导日常水泥配方设计。

对固井水泥浆体系中存在的竞争吸附现象研究较多的是德国慕尼黑工业大学的 Johann Plank 教授，他详细研究了在以 2-丙烯酰胺基-2-甲基丙磺酸（AMPS）聚合物作为降失水剂的水泥浆体系中存在的竞争吸附现象：①AMPS/N，N-二甲基丙烯酰胺（NNDMA）共聚物可作为固井降失水剂（FLA），且 FLA 加入量与降失水量在一定范围存在线性关系，降失水剂作用机理为 FLA 吸附在水泥颗粒表面上，降低泥饼渗透性获得降失水作用，当加入醛酮缩合物类降失水剂（AFS）时，由于 FLA 与 AFS 存在竞争吸附，FLA 吸附受到影响后，FLA 的降失水性能受到影响；②AFS 会影响 FLA 性能是由于竞争吸附，可在 FLA 合成设计时，引入丙烯酸、马来酸酐或乙烯基磷酸，在 FLA 聚合物分子链中引入吸附更强的“锚固”基团，可增加聚合物在水泥浆颗粒上的吸附，以减弱 AFS 吸附对 FLA 吸附的影响，“锚固”基团吸附的强弱顺序为：$—PO_3^{2-}>$vic-(—COO^-)$>—COO^->—SO_3^-$；③丙酮与甲醛缩合时，不同加入量的亚硫酸钠会影响缩合物的磺化度，低的磺化度导致在水泥颗粒上低的吸附量，高的磺化度导致在水泥颗粒上高的吸附量。不同磺化度的 AFS 与 AMPS 类的 FLA 有不同的竞争吸附状况，AFS 吸附大，水泥浆流变性好，但失水过大，反之亦然。为了获得好的应用状况，应当找到 AFS 与 FLA 适合的阴离子电荷密度；④探讨磷酸基团离聚合物分子链的距离，影响磷酸基对 Ca^{2+} 的螯合能力，分别选择2-丙烯酰胺-2 甲基丙磷酸盐（AMPPA）、乙烯基磷酸（VPA）作为第三单体，与 AMPS 和 NNDMA 进行共聚，得到 AMPS/NNDMA/AMPPA 三元共聚物和 AMPS/NNDMA/VPA 三元共聚物固井水泥浆降失水剂。发现 AMPS/NNDMA/AMPPA 对 Ca^{2+} 螯合能力不及 AMPS/NNDMA/VPA，这是由于磷酸基运离聚合物分子量，所以 AMPPA 作为“锚固”基团比 VPA 弱，AMPPA 作为第三单体时的聚合物吸附形式为环状，较松散，而 VPA 作为第三单体时的聚合物吸附形式为直线状，较紧密；⑤温伦胶（welan gum）是一种由生物发酵得到的聚合物，常用于固井水泥浆中防止自由水的产生，该聚合物中含有羧基（—COO^-），虽然在温伦胶分子链上羧基含量少，即电荷密度低，但由于羧基比磺酸基（—SO_3^-）吸附作用强，也会干扰 AMPS/NNDMA 共聚物类降失水剂的降失水性能，所以在水泥浆配方设计中应考虑这一点。⑥用聚羧酸类分散剂与用酒石酸、柠檬酸作缓凝剂的自密实混凝土中，当采用同一聚羧酸类分散剂时，用酒石酸水泥浆流变性好，而用柠檬酸水泥浆流变性很差，经 Zeta 电位及分析各外加剂的吸附情况发现，采用柠檬酸时，聚羧酸分散剂在水泥颗粒表面存在吸附，改变聚羧酸分散剂分子结构设计，可以解决水泥浆在柠檬酸中流变性差的状况。

第四节　降失水剂主要作用机理

降失水剂是指能控制水泥浆液相向地层失水的化学剂。常用的降失水剂材料可分为两大类：颗粒材料和水溶性聚合物。

1. 降失水剂种类

1)颗粒材料

这类材料包括膨润土、石灰石粉、沥青质、热塑性树脂、乳胶(粒径为 200～500nm 的聚合和乳液体系)、聚醋酸乙烯酯(使用温度小于 50℃)、丁苯乳胶(苯乙烯-丁二烯)(使用温度达 176℃)和聚乙烯醇乳胶、苯乙烯-甲基苯乙烯甲酯、苯乙烯-丁二烯-丙烯酸乙酯等。它们的作用机理主要是部分胶粒挤塞填充于水泥颗粒间的空隙中,降低水泥泥饼的渗透率;同时部分胶粒在压差作用下在水泥颗粒间聚积成膜,覆盖在泥饼上进一步降低泥饼的渗透率,从而达到降失水的目的。颗粒材料虽然能达到降失水的效果,但是稳定性较弱。

2)纤维素衍生物

这类材料包括羟乙基纤维素(HEC)、改性羟乙基纤维素(HMHEC)、羧甲基羟乙基纤维素(CMHEC)等。

(1)羟乙基纤维素:非离子型聚合物,由碱纤维素与环氧乙烷或二氯乙醇反应制得。作为降失水剂按水泥浆密度选择不同的分子量,如常规密度选择中间分子量的 HEC(2%溶液黏度为 40mPa·s),低密度水泥浆则应选择较高的分子量 HEC(2%溶液黏度为 80mPa·s)。

(2)改性羟乙基纤维素:向 HEC 中引入疏水基团得到 HMHEC。疏水基是C8－C18的直链烷烃通过化学反应与 HEC 脱水葡萄糖单元以醚键相结合。其中疏水基的质量分数变化在 0.2%～0.4%之间。HMHEC 的羟乙基摩尔取代度为 1.5～4.0,并具有相对低或中等的相对分子质量。与 HEC 相比,由于疏水基团的引入,HMHEC 缓凝作用得到抑制,并有更好的降失水效果。

(3)羧甲基羟乙基纤维素:是一种有效的油井水泥降失水剂,它的性能优于 HEC。在低温下无明显缓凝作用,可用于淡水或盐水环境。CMHEC 是由纤维素在有 NaOH 存在的条件下与氯乙酸和氧化乙烯反应而得。作为降失水剂,CMHEC 脱水葡萄糖单元中,羟乙基取代度最好在 0.1%～0.7%范围。

3)木质素改性产物

磺化或磺甲基化木质素与甲醛、多胺反应得到胺基化产物。多胺或甲醛的反应摩尔数为 3～5mol 时降失水效果最佳。

4)丙烯酰胺(AM)/丙烯酸钠(AA－Na)共聚物

(1)AM/AA－Na 是最早用于油井水泥降失水剂的合成聚合物。与天然高分子材料相比,它有更好的耐盐性,可以用在盐水水泥浆体系,热稳定性好,在较宽的温度范围内保持稳定的降失水效果,适用范围广。

(2)丙烯酰胺/乙烯基咪唑(VI)二元共聚物和丙烯酰胺/AMPS/乙烯基咪唑三元共聚物:AM/VI 和 AM/AMPS/VI 或者是二者的混合体系是非常有效的降失水剂,加量 0.05%～2.0%(质量分数)。它适用温度范围宽,可用于各种复杂井况固井作业。AM/VI 单体比 60/40,相对分子质量分布宽,控制在 10 万～100 万范围。AM/AMPS/VI 单体比 60/20/20,相对分子质量在 10 万～300 万范围。以该比例混合,可以达到很好的降失水效果。

(3)N,N－二甲基丙烯酰胺/AMPS 共聚物(NNDMA/AMPS)、AA/AMPS 共聚物和 CMHEC 高温耐盐降失水剂体系。本混合物体系的聚合物均为常用的油井水泥降失水剂。

混合体系提供了高效降失水、耐温(204℃)、耐盐(>10%)以及优秀的水泥浆综合性能。AA/AMPS摩尔比5∶1～1∶1,相对分子质量6 000～8 000,加量0.5%～1.5%(质量分数);NNDMA/AMPS摩尔比1∶1.5,相对分子质量10万～100万,加量0.25%～0.5%(质量分数);CMHEC低或中相对分子质量,加量0.25%～0.5%(质量分数)。

5)乙烯基吡咯烷酮类共聚物

(1)乙烯基吡咯烷酮-丙烯酰胺三嵌段共聚物(AM-VP-AM):AM-VP-AM三嵌段共聚物为非离子型降失水剂,吡咯烷酮基团的存在提高了AM的耐盐性及热稳定性,与其他外加剂配伍性好,无明显缓凝作用。聚乙烯吡咯烷酮还可与其他共聚物复配构成高效降失水剂。

(2)AMPS/VP/AM/AA四元共聚物:此共聚物降失水剂可用于26～232℃固井。盐容性好,无缓凝或促凝作用,水泥石强度高。共聚物相对分子质量分布宽,变化在3万～100万范围。共聚物组成:VP(30%～40%)、AM(5%～15%)、AMPS(50%～60%)、AA(1%～10%)。降失水剂体系组成:四元共聚物(1.5%～10%)、电解质(2%～10%)、碱(0.2%～2%)、表面活性剂(5%～15%)、水(70%～80%)、防腐剂(0.008%～0.05%)。

6)磺化苯乙烯类共聚体系

(1)磺化苯乙烯/马来酸酐共聚物和磺化芳烃聚合物的混合体系。磺化芳烃聚合物或共聚物的混合体系是高抗盐(盐质量分数可达18%～37%)的降失水剂,适用温度为26～120℃。降失水剂组成:磺化苯乙烯/马来酸酐共聚物(12.5%～25%),聚苯乙烯磺酸盐、木质素磺酸盐或二者的混合物(12.5%～50%),聚磺化甲基苯乙烯(12.5%～60%),萘磺酸/甲醛缩合物(12.5%～50%)。该体系在高含盐地层具有很大的适用性。

(2)苯乙烯(ST)/AMPS共聚物(ST/AMPS):温度稳定性、盐容性、高pH值下的水解稳定性好。共聚物组成:ST(30%～45%)、AMPS(50%～70%)。

7)聚乙烯多胺类降失水剂体系

(1)聚乙烯多胺(或亚胺)与磺化苯乙烯反应的产物:有优秀的降失水性能,可用于177℃或更高温度。

(2)聚胺低温降失水剂:聚胺降失水剂可在不加其他促凝剂的条件下用于低于38℃的固井作业。体系中的聚胺为聚乙烯亚胺或聚乙烯多胺,相对分子质量分别为6万或4万。聚胺为质量分数33%的溶液。

2. 降失水剂主要作用机理

1)减少泥饼渗透性,改善水泥泥饼

(1)改善水泥颗粒分布,阻塞泥饼空隙形成致密泥饼以降低失水量。

(2)在泥饼和地层交界面形成一层非渗透性膜,如水溶性聚合物降失水剂可通过高分子链吸附到水泥颗粒表面(离子型聚合物发生静电吸附;非离子型通过氢键或诱导作用吸附在水化层上),使水泥颗粒相互发生桥接,形成网状结构,束缚更多的游离液,达到降失水的目的;线性高分子链的柔顺性,还使泥饼具有高弹性和黏弹性,并在水泥浆体中形成结构松散的胶凝聚集态稳定地楔入泥饼,使泥饼更致密。

2)增大液相黏度

即增大向地层的滤失阻力来降低水泥浆失水量，但专靠高分子聚合物来提高黏度，抑制游离的流动来减小滤失量不是最佳途径，它会使水泥浆流动性变差。

第五节　缓凝剂主要作用机理

缓凝剂的作用就是要能够有效地延长或维持水泥浆处于液态和可泵性的时间。最好的缓凝剂应该是在任何温度区间都具有缓凝作用，而且稠化时间的长短还与它加量的多少成正比，并与各种油井水泥有良好的适应性，与不同类型的其他外加剂配伍使用时，也有很好的相容性。

1.缓凝剂种类

1)木质素磺酸盐及其衍生物

此类缓凝剂主要用于122℃以下条件，其中起缓凝作用的是糖类，主要通过吸附与成核机理[$Ca(OH)_2$ 晶体尺寸与形状明显不同]缓凝，也有人认为吸附后，颗粒起防水作用。木质素磺酸盐对 C_3S 起缓凝作用，对 C_3A 影响不大。含木质素磺酸盐水泥较致密。木质素磺酸盐衍生物主要包括铁铬木质素磺酸盐和改性木质素磺酸盐。

2)羟基羧酸盐

此类缓凝剂主要包括苹果酸、柠檬酸、葡萄糖酸、葡萄糖二酸、葡庚糖酸、酒石酸及其钠钾钙盐。它们的羟基和羧基官能团起良好的缓凝作用。

3)糖类化合物

此类缓凝剂有蔗糖、棉子糖。它们通过碱性水解，生成含有 α 羟基的化合物(HO—C—C═O)或糖酸，强烈吸附在C-S-H凝胶上，阻止水泥水化的进行，对水泥强度有影响。

4)改性淀粉

此类缓凝剂属天然高分子材料，可在酸、氰化物等条件下水解为葡庚糖酸盐。改性淀粉有显著的缓凝效果，但对水泥强度有影响。

5)纤维素衍生物

纤维素是 β-葡萄糖甙基组成的高分子，处理后的衍生物可用作高温抗盐缓凝剂及降失水剂，主要包括CMC(黄原胶)、HEC、CMHEC等。它们主要是吸附在水泥颗粒上，以减慢水渗入水泥颗粒的速度达到缓凝，也有增稠和控制失水作用。使用温度在130～140℃之间，加量0.1%～0.5%。

6)有机磷酸及其盐

此类缓凝剂耐温达204℃，对水泥组成细微变化不敏感，且有助于降低高密度水泥浆的黏度。作用机理是磷酸基吸附在水泥颗粒表面延缓水泥浆的水化。

7)无机化合物

(1)无机盐和盐主要包括硼酸、硼酸盐、磷酸、磷酸盐、氢氟酸、氢氟酸盐、铬酸和铬酸盐。

(2)氯化钠，氯化钠质量分数大于20%(BWOC)时起缓凝作用。

(3)氧化物，即氧化锌和氧化铅。氧化锌的缓凝作用是由于氧化锌的溶解度很小，具有很低的渗透率，可沉积到水泥颗粒表面，从而延缓了水泥水化。不同无机物缓凝机理不同。

8)合成高温缓凝剂 AMPS 体系

(1)AMPS/AA 共聚物：在低于 93℃范围(加量为 0.5%～0.8%)，随温度升高水泥浆的稠化时间变化很小；温度在 93～120℃之间，稠化时间与 AMPS/AA 加量是线性关系。与 HEC 降失水剂反应，可形成触变水泥。与羧酸缓凝剂配伍产生叠加作用，温度在 140～180℃之间，获得合理的稠化时间和良好的水泥强度发展。与氯化钠叠加，也可强化缓凝效果。与硼酸盐复配可用于 190℃以上高温。AMPS 共聚物体系的缓凝机理与木质素磺酸盐相似，为络合作用和成核机制的协同作用机理。

(2)AMPS/衣康酸(甲叉基丁二酸)共聚物：AMPS 与衣康酸的摩尔比为 73∶27 时有非常优越的缓凝作用，上限温度为 260℃。它的缓凝作用是通过与铝酸三钙、硅酸三钙反应完成的。AMPS/衣康酸共聚物优先吸附于 C_3A 上，阻碍了水分子的攻击，减缓其水化速度。

2. 缓凝剂主要作用机理

缓凝剂主要作用机理有以下 4 个方面。

(1)吸附理论。缓凝剂通过吸附在水泥颗粒表面阻止水泥颗粒与水接触，达到缓凝目的。

(2)沉积理论。缓凝剂与液相中 Ca^{2+} 或 OH^- 反应，在水泥颗粒表面形成不溶性非渗透层，延缓水泥水化。

(3)晶核理论。缓凝剂吸附到水泥水化物的微晶核上，阻碍晶体增长。

(4)络合理论。缓凝剂与液相中的 Ca^{2+} 络合以阻止晶核的形成。

缓凝剂对水泥浆的缓凝作用可包括以上 4 种机理，也可是其中的 1 种、2 种或 3 种。

缓凝剂的缓凝作用还可从它本身的性质、它与水泥相的作用来讨论。

(1)有机表面活性剂类缓凝剂可通过吸附、分散、润湿作用，在水泥水化初期，通过扩散双电层，分散水泥颗粒，并在水泥颗粒表面形成溶剂化膜，延缓水泥的水化反应，起到缓凝的作用。

(2)含有—OH、—C＝O、—COO^- 等活性基团的缓凝剂，可与水泥颗粒表面 Ca^{2+} 形成难溶化合物，以延缓水泥水化。

(3)具有适当结构及组成的阴离子或分子可通过氢键吸附到固体表面的 O^{2-} 上，控制水泥颗粒的水化，推迟 C-S-H、$Ca(OH)_2$ 的成核、结晶，从而延缓水泥水化。

(4)无机盐缓凝剂则主要是通过电性作用改变水泥浆的 ζ 电位，通过同离子效应，形成复盐、络盐等来阻止水泥水化。

第六节　充填剂主要作用机理

充填剂是一种填充材料，主要用于降低水泥浆的密度，减少固井时静水液柱压力，避免水泥浆通过裂缝性地层、多孔隙地层、高渗透性地层和溶洞漏失地层时流失。

1. 充填剂种类

1)膨润土

膨润土是现场常用的减轻材料，主要组分为蒙脱石。它的掺量一般是 2%～20%(BWOC)，每增加 1%的膨润土，需额外补充 5.3%(BWOC)的水。对于指定水泥应该进行最佳需水量的试验，把失水和自由水降到最低。如果掺量在 6%以上，就需加分散剂来改善流变参数和降低胶凝强度。

2)液体硅酸钠

液体硅酸钠也称水玻璃或泡花碱，是硅酸钠的 40%水溶液。一般在配浆时先加到水中。若所设计的水泥浆体系中含有氯化钙，必须在加入水玻璃之前加到水中，以获得理想的填充效果，其他材料可相继加入。加量一般是 17.8～53.3L/t。

3)硅藻土

硅藻土是由海水或淡水沉积下来的硅藻残骸形成的硅质生物沉积岩，主要成分是含 10%水的不定形水合二氧化硅蛋白。将其研磨到接近水泥的粒度，其比表面积可以很大，是很好的吸水性填充剂。

4)粉煤灰

粉煤灰是从以煤为燃料的发电厂锅炉烟气中收集的灰渣，一般呈不规则球状熔融颗粒。它的化学成分以 Al_2O_3 和 SiO_2 为主。粉煤灰具有一定的活性，它的活性取决于非晶态的玻璃体成分、结构和性质，而与结晶矿物无关。玻璃体质量分数越高，粉煤灰化学活性越高。粉煤灰密度一般为 1.8～2.6g/cm³，颗粒直径为 0.5～300 μm。作为油井水泥填充剂，应选用 Al_2O_3 和 SiO_2 含量高而烧失量较小，玻璃体和微珠含量较高而颗粒较细的粉煤灰为宜。

5)微硅

微硅也称硅石、超细硅粉或微硅石，是生产硅、硅铁或其他硅合金的副产品——硅石蒸汽冷凝物。每个颗粒都是不定形玻璃微珠，平均粒径在 0.1～0.2 μm 之间，比表面积特别大，在 15 000～2 5000m²/kg 之间。它具有很好的反应活性，一般加量是 15%～28%(BWOC)。

6)膨胀珍珠岩

由酸性玻璃质熔岩(如珠光岩、松脂岩和黑曜石等)碾碎到一定大小，经高温焙烧至软化状态，它内部的结合水变成高压水汽，力图外逸，而使黏稠的玻璃质颗粒不断膨胀，再迅速冷却，即形成多孔结构的产品——膨胀珍珠岩。

膨胀珍珠岩的密度是 2.4g/cm³，容重为 0.1～0.2kg/m³，空隙间可以吸存比自身质量重 5～6 倍的水分。为防珍珠岩漂浮，可掺 2%～4%的膨润土。加量为 2%～4%(BWOC)可使水泥浆有 1.7～1.20kg/m³ 的密度范围。一般水灰比控制在 0.89 以上，不得超过 1.07。

7)空心微珠

空心微珠有空心玻璃微珠和尿醛树脂空心微珠两类。它的密度小于 0.7g/cm³，用于超低密度高强水泥浆体系，解决易漏地层和地热井、热采井固井施工问题。

(1)空心玻璃微珠。空心玻璃微珠主要化学成分为 SiO_2 和 Al_2O_3。粒度为 50～300 目，直径为 45～300 μm。空心微珠具有以下优点：易润湿、易混合、拌灰容易；可作为超低密度水泥浆减轻剂，它的水泥石强度较高；该水泥体系(密度小于 1.0g/cm³)的动切力较高，水泥石渗透率低；与其他水泥外加剂相容性好。漂珠的化学组成及物理组成如表 3-1 所示。

空心微珠降低水泥浆密度的原因是微珠内封闭了一些气体使微珠本身密度小，这些封闭的气体在降低水泥浆密度中起了主要作用。空心微珠在大气压力下平均密度为 0.63g/cm³，在 40MPa 下密度为 1g/cm³。此外，微珠较其他减轻材料的吸水性低，因此，可以适当降低水灰比而有利于提高水泥石的抗压强度。调整空心微珠的加量，所配制的水泥浆密度可变化在 1.0～1.7g/cm³ 范围。

表 3-1 漂珠的化学组成及物理组成

商品名称		CP61（国产漂珠）	Spherelite（哈里伯顿产品）
化学组分及质量分数(%)	SiO_2	55～59	55
	Al_2O_3	35～36	29
	Fe_2O_3	3～5	5
	CaO	1.5～3.6	1.5
	MgO	0.8～4	—
漂珠的特性	粒径(μm)	40～250	40～250
	壁厚(为粒径的%)	5～30	—
	密度(g/cm³)	0.5～0.7	0.685
	视密度(g/cm³)	0.310～0.395	0.370

注：视密度与单个漂珠的密度不同，它表示一定质量漂珠放置在容器中所占单位体积的质量。

(2)尿醛树脂空心微珠。尿醛树脂空心微珠是苏联以一种尿醛树脂溶液加固化剂氯化铵在高度分散条件下制成的。微珠的视密度很小，只有 0.05g/cm³，因此加入少量微珠即可使水泥密度大幅度降低。尿醛微珠加量 5%(质量分数)，水泥浆密度即由 1.80g/cm³ 降到 1.2g/cm³。这是因为尿醛空心微珠自身密度非常低，在加量 5%(质量分数)时使水泥体积增加 3 倍，同时配浆所需水灰比增加到 0.84，所以使该体系在小微珠加量下，就可获得低密度水泥浆。

2. 作用机理

减轻剂依据其作用原理不同可分为 3 类：第一类是膨润土类材料，它的吸附能力强，造浆率高，即通过水泥浆高的水灰比来降低水泥浆的密度；第二类是低密度的材料，因其自身的密度比水泥低，故加入水泥浆后可使水泥浆密度降低，如漂珠、玻璃微珠等；第三类是泡沫水泥，以向水泥浆中充气或发气的办法，形成泡沫水泥使之形成超低密度。

第七节 加重剂主要作用机理

在高压油气层或调整井固井作业时，通常需要高密度水泥浆。加重水泥浆常用的加重剂有重晶石、赤铁矿、钛铁矿以及石英砂等。

1. 加重剂种类

1)重晶石($BaSO_4$)

重晶石为最常用的水泥加重材料。密度为4.3～4.6g/cm^3。使用时要磨细,粒度要求为300目。粒度较细的重晶石粉在水泥浆中分散较好,对保持胶体安定性有利。不利的一面是粒度太细,使水灰比增大,不但削弱了它对水泥浆加重的作用,而且使水泥石强度下降。用重晶石配制的水泥浆密度可达到2.2g/cm^{3}左右。重晶石虽然使用较普遍,但从综合性能来看不如铁矿和赤铁矿。

2)钛铁矿

钛铁矿是经机械加工研磨成适宜粒度的黑色颗粒粉状材料,它的主要化学成分为$TiO_2 \cdot Fe_3O_4$。密度为4.45g/cm^3,粒度为200目左右。可使水泥浆密度调整到2.4g/cm^{3}左右,对水泥浆的稠化时间和强度影响很小。

3)赤铁矿

赤铁矿是具有天然磁性的金属光泽的暗红色粉末,主要成分为Fe_2O_3,密度为5.0～5.3g/cm^3,粒度为40～200目。对缓凝剂有吸附作用。可使水泥浆密度加重到2.4g/cm^{3}左右,与分散剂、降失水剂等复配应用时,可使水泥浆密度提高到2.6g/cm^3。

4)氧化锰加重材料

此加重材料是锰铁合金生产中的副产品,含氧化锰96%～98%(质量分数),密度为4.9g/cm^3,与赤铁矿相似。粒径小于10μm。比表面积为3.0m^2/g,10倍于水泥颗粒表面。因此它在水泥浆中悬浮性能好,浆体稳定,可使水泥浆密度增加到2.5g/cm^3。

第八节　固结增强剂主要作用机理

固结增强剂是用于提高水泥石特殊性能的一系列油井水泥外加剂材料,不同的材料其功能有所不同。有的用于减少水泥石的收缩、提高水泥石的早期强度和界面胶结强度;有的用于提高水泥石的抗腐蚀性能。

固结增强剂有以下几种。

1)微膨胀材料

此类材料主要用于防止水泥石的收缩,有效封闭环空微隙,改善水泥环与套管、地层的界面胶结状况。

(1)SEP型油井水泥膨胀剂。此膨胀剂主要成分为活性CaO、Al_2O_3以及$CaSO_4$或少量MgO等。掺有SEP型水泥膨胀剂的水泥在水化时,通过膨胀组分的反应促进钙矾石的早期形成,并随着水化进程,钙矾石晶体不断长大,使水泥浆硬化时体积膨胀。在井下有限空间和高压条件下,由于膨胀率为0.2%左右,它的微小膨胀补偿了水泥浆硬化过程中产生的体积收缩。同时,由于膨胀过程预应力作用而增强了水泥环与套管、地层的界面胶结强度。实验证明,加入1%～2%SEP型膨胀剂,可使界面胶结强度提高30%～40%。

(2)硫铝酸盐与石膏体系。此膨胀体系由含有稳定的硫铝酸钙的熟料和石膏,经分别磨细混拌而成，比表面积要求大于 4 600cm^2/g。此类膨胀剂体系用较少的加量就可达到良好的膨胀效果。

(3)燃烧氧化镁类。加有燃烧氧化镁的水泥浆在水化过程中，其中的氧化镁水化生成氢氧化镁，体积大于初始体积，从而使水泥浆发生膨胀。氧化镁必须经过 1 100～1 300℃煅烧，在 288℃也有良好的膨胀性能，它的加量为 0.25%～1.0%。

(4)氧化钙复合体系。以活性 CaO 粒子为核心，表面被 $Ca(OH)_2$ 或 $CaCO_3$（或两者并存）的外壳所包裹而构成。其中的 CaO 遇水迅速水化，体积增大，可达 100%，从而达到膨胀的效果。

(5)发气类膨胀剂。此类材料利用某些化学反应生成气体（如氢气、氮气等）的方法来达到使水泥浆膨胀的目的。控制化学反应速度就可以控制发气量。例如铝粉可以和水泥浆中的碱性材料 $Ca(OH)_2$ 反应生成氢气微小气泡，使水泥浆充气膨胀。

2)水泥增强材料

此类材料专门利用颗粒堆积原理来提高低密度水泥石的早期强度，如 CRET 低密度油井水泥增强材料。CRET 是由多种活性的超细胶凝材料组成的。它是以线性堆积模型和固体悬浮模型为基础，根据紧密堆积理论而优化设计的。利用合理的物料颗粒级配改善物料的表面性质，减少物料颗粒间的充填水和表面的润滑水以提高单位体积水泥浆中的固相，形成更加致密的水泥石；通过超细矿物材料之间的物理化学作用等手段，提高低密度水泥浆的力学性能。它可与各级别油井水泥、漂珠等一起使用配制出密度为 1.2～1.80g/cm^3 的高性能低密度水泥浆，水泥浆的性能可与正常密度水泥浆相媲美。在漂珠低密度水泥浆中掺入 CRET，可显著提高水泥浆的体积稳定性和沉降稳定性，减少游离液含量，降低水泥浆失水量，缩短过渡时间，提高水泥浆防窜能力，提高水泥石强度，形成稳定均匀的水泥石。掺加 CRET 配制的高强度低密度水泥浆适合于低压易漏井、长封固段井、水平井、热采井及常规生产井的固井作业。

3)防 H_2S 和 CO_2 材料

在封隔含 H_2S 和 CO_2 的地层时，需要考虑水泥石的防腐蚀问题。防腐蚀外加剂主要通过与 H_2S 或 CO_2 反应在水泥石表面生成一层致密的薄膜阻止水泥石进一步被腐蚀。为适应高温高压油气田固井中的气窜和水泥石的腐蚀问题，笔者单位与科研院所和外加剂生产厂合作开发了具有防窜防腐作用的外加剂，例如高效缓蚀剂 CRC。

CRC 是一种含羟基羰基的高分子聚合物，与 PCR168L（胶乳类）所配制的水泥浆具有良好的流变性和极其优越的凝结性能。最适宜较深充气地层高温超压井的固井及抗二氧化碳对水泥石的腐蚀作用。CRC 高效缓蚀剂主要起抗二氧化碳侵蚀作用。PCR168L（胶乳类）本身就有抗二氧化碳侵蚀作用，与 CRC 缓蚀剂配伍后，更增加了水泥石的密度，使水泥石的粒子有一层高分子聚合物保护膜，大大地延长了水泥石的使用寿命。

第九节　悬浮稳定剂主要作用机理

稳定剂是用于特定的水泥浆中使水泥浆体系更加稳定，防止水泥浆在静止候凝过程中分层，造成上下密度不一致的现象。

稳定剂种类如下：

1)稳定交联剂

此类稳定剂一般是与特定外加剂配伍使用。比如 CJ103S，与 PC－G6 系列降失水剂配伍使用提高水泥浆的稳定性。CJ103S 是由多价金属离子无机盐及含氮化合物相配而成，利用多价离子使聚合物交联，形成聚合物集链束堵塞水泥固相泥饼的空隙，达到减少泥饼渗透，降低失水量的目的。CJ129L 交联剂是多种有机物和无机物组成的混合物，与 CG729L 一起使用，具有降低失水量和减少自由水等功能，早期强度发展快，防冻性能好。

2)CT103L 调节剂

此调节剂是专用于 CG703L 降失水剂水泥浆的外加剂，是以无机盐为主体的混合液体。它通过提供氢离子，使 CG703L 降失水剂水泥浆的混合水呈弱酸性、抗胶凝、控制交联，达到稳定水泥浆体系的目的。

3)防沉降稳定剂

此稳定剂主要是在特定的水泥浆体系中通过增强水泥浆的悬浮性而防止水泥浆沉降，一般能明显改善水泥浆的流动性。它主要是由有机物、易水化天然矿粉、气相二氧化硅等混合配制而成，如西石友联的 STAB 系列、三元的 CG600S 等。

第十节　消泡剂主要作用机理

由于水泥浆中含有多种黏性的外加剂，它在混拌过程中容易产生不易破裂的气泡，气泡的存在会影响水泥浆的实际密度，需要加入一定的消泡剂或抑泡剂来消除已产生的气泡或阻止其产生。消泡剂的用量一般很少。

1. 消泡剂种类

1)醇类

醇类包括醇、醚和酯，因其成本低而使用广泛。一般在配浆前加入混合水中。

甘油聚醚。甘油聚醚是由甘油和环氧丙烷共聚而成，它的结构式为$[C_3H_5(OH)_3]_m(C_3H_6O)_n$。是一种无色或微黄色黏稠状透明液体，难溶于水，能溶于苯和乙醇等。多用作钻井液和水泥浆的消泡剂。

斯盘－80(SpaN－80)。它的主要成分为山梨醇酐油酯，是一种非离子型表面活性剂。通常为琥珀色黏性油状液体，难溶于水，亲油性强。主要用作油包水型钻井液的乳化剂，也可作油井水泥浆的消泡剂。

磷酸三丁酯。它又称磷酸正丁酯，是无色无臭的液体，微溶于水，能与多种有机溶剂混合。主要用作消化纤维素及醋酸纤维素的溶剂和抗泡剂等，可用作油井水泥浆的消泡剂。

2)有机硅类

有机硅是一类高效消泡剂，它与醇类所不同的是在水泥浆中起到破坏泡沫生成的作用。

硅醚油。硅醚油是由二甲基二氯硅烷$(CH_3)_2SiCl_2$水解成硅醇$(CH_3)_2Si(OH)_2$，再经缩聚而成的多甲基聚硅醚类缩聚物。硅醚油是无色透明，无毒无味，中性油状液体。凝固点低，化学稳定，难溶于水。由于表面张力低，表面活性高，可作消泡剂，一般十万分之一的用量即可保证使用效果。

硅氧烷。硅氧烷是将研磨极细的硅粉，分散到聚二甲基硅氧烷或类似的硅氧烷中而制成的悬浮体系。也可制成10%～30%有效质量分数的水包油体系的乳状液。

2. 消泡剂作用机理

消泡剂的主要作用原理是在气泡膜上形成像凸透镜形状、有扩张能力的单分子膜，把吸附在气泡膜界面上的起泡分子推开，进而破坏气泡。抑泡剂是把气泡消灭在起泡之前，目前作用机理不详。

第十一节　隔离液主要作用机理

隔离液是一种前置液，是指黏度、密度和静切力均可调节的黏稠流体，主要用于隔离井下互不相容的流体及塞流驱替钻井液，常用于塞流顶替注水泥设计中，通过调整其流变性可用于紊流顶替。与冲洗液一起使用时，它注入在冲洗液之后、水泥浆之前。隔离液的主要作用：隔开钻井液和水泥浆，清洗井壁，改变套管表面的润湿性，使之易于与水泥浆胶结；改善水泥浆与钻井液的流变性，提高顶替效率；在低压井段、易漏失层以及控失水要求高的井中用作缓冲液；防止水泥浆基础钻井液污染和钻井液的絮凝稠化。据其作用不同，可分为黏性隔离液和紊流隔离液。在油田固井作业中，常在钻井液与水泥浆之间注入一段隔离液以提高水泥浆对钻井液的顶替效率和改善水泥石的胶结质量。隔离液的黏度、密度及静切力均可根据施工要求进行调节，它的具体作用表现在以下3个方面：①在水泥浆和钻井液间形成浆体分隔段，防止混浆过程中接触污染的产生，影响施工安全和固井质量；②稀释絮凝钻井液，对黏附在套管上的钻井液和井壁上的虚泥饼进行冲刷顶替，并完成固井第一、二界面的预处理。③平衡地层压力，不伤害薄弱地层，使用隔离液相比于水泥浆更容易实现紊流顶替，泵压的减小降低了对设备的要求并保护薄弱地层，防止了井漏的发生。

水泥浆前置液的设计、配制及浆体性能的好坏，直接关系到固井作业的成败。隔离液主要由水、加重材料、隔离主剂、悬浮稳定剂、表面活性剂等构成。隔离液的评价方法主要包括相容性、流变、稠化时间、抗压强度、失水量和润湿性测试。隔离液相容性包括隔离液/钻井液的相容性测试和隔离液/水泥浆的相容性测试。流变相容性是指隔离液/钻井液和隔离液/水泥浆的流变性能至少在BHCT或90℃下被测定，试验中要记录流变仪表盘3r/min、6r/min、30r/min、60r/min、100r/min、200r/min、300r/min和600r/min的读数，待测液体的比例至少应包括：100/0、5/95、25/75、50/50、75/25、95/5和0/100，找出最可能发生相容性不良的混合液比例，即R值小于0，并在该比例±10%范围内测试新的混合液的流变读数。比如，如果泥浆/隔离液的比例在25/75时有最高的流变或可能发生相容性不良，则应测试15/85和35/65下的流变。流变、稠化时间、抗压强度和失水量等测定按照《油井水泥试验方法》(GB 19139—2012)的规定执行。

冲洗液和隔离液既可以单独使用，又可同时使用，同时使用时可构成冲洗隔离液体系。针对非水基钻井液钻井时，需要加入润湿反转剂构成润湿反转隔离液体系，既具有冲洗液的冲洗功能又具有隔离液的隔离功能。润湿性测试主要是针对非水基钻井液钻井而提出的一种新评价方法，具体操作方法可依据《油井水泥检测的推荐性实施规程》API 10B－2－2013 第 13.7 节的规定执行。该方法用于评价油基钻井液和隔离液的相容性、测试润湿反转隔离液和润湿反转剂将油基钻井液的亲油界面转变为亲水界面的能力强弱，此方法仅适用于评价水基隔离液，不适用于评价非水基或非导电性隔离液体系或油基润湿反转剂体系。

流体不相容可能造成井底当量循环密度增加，导致漏失或水泥浆返高不到位。如果流体存在不相容，需要重新设计隔离液。隔离液和钻井液相容性好的准则：①对于油基/合成基泥浆，所有测试比例下的泥浆/隔离液混合物不出现油水分离或固体颗粒沉降。②对于水基/油基/合成基泥浆，当隔离液被所有测试比例下的泥浆污染时，泥浆无凝胶出现，所有测试比例下的混合液体的流变数值不应高于未被污染的隔离液的最高数值。③对于水基/油基/合成基泥浆，泥浆/隔离液混合体系中悬浮的固相颗粒无损失。隔离液和水泥浆相容性好的准则：①当水泥浆被 5％和 25％的隔离液污染时，稠化时间无缩短现象。②当水泥浆被各个测试比例下的隔离液污染时，所有测试比例下的混合液体的流变数值不能高于未被污染的水泥浆的最高值。③隔离液/水泥浆混合液的固相悬浮颗粒无损失。

国内外专家对前置液的作用机理进行了深入研究和探讨，可以概括为五大方面，隔离液的作用机理在此基础上也可以概括为以下几点。

1)稀释钻井液原理

在隔离液中加入泥浆稀释剂、降黏剂等，当其在与钻井液接触时，对钻井液良好的稀释和降黏作用，使钻井液保持良好的流动性易于被水泥浆顶替，这样既提高了顶替效率，又保证了固井质量。

2)物理冲刷理论

首先，采用冲洗液的紊流冲刷作用和水力机械作用冲刷井壁，在冲洗液中加入固体惰性粒子，清除井壁虚泥饼和油污。其次，隔离液的水力冲刷作用也可以有效加速井壁油膜和虚泥饼的脱落，改善界面胶结质量，或者通过在隔离液中加入固体惰性颗粒，提高隔离液的紊流程度，增强对界面的冲洗作用从而良好地改善界面流动状态，提高了固井质量。

3)化学改善界面理论

通过在隔离液配方中加入一种或多种化学试剂，与井壁产生不同的物理化学作用，清除井壁虚泥饼和油污，改善井壁界面水润湿特性，提高固井第一、二界面胶结强度。通常在冲洗液中加入非离子表面活性剂、复配的阴离子与非离子表面活性剂或复配的阴-非离子、两性表面活性剂等来提高界面的水润湿能力，提高冲洗液对井壁和套管壁的冲洗能力，有效地提高冲洗液的冲洗效率；在隔离液中也可以加入表面活性剂或冲洗液，提高隔离液的顶替冲刷效率。表面活性剂的加入主要有两个方面的作用：①润湿反转功能，降低界面的表面张力，改善界面的润湿性，使界面环境由油包水状态变为水包油状态，提高界面与水泥环的胶结质量；②乳化功能，对界面的油污、油膜以及残余钻井液渗透和乳化，使其易于被紊流前置液冲刷掉，易于被水泥浆顶替，提高了固井质量。

4)成膜作用原理

研究表明，水泥浆对地层的污染和伤害表现在两个方面：一是水泥颗粒对地层的伤害，二是水泥浆滤液对地层的伤害，后者占主导地位。隔离液在井壁形成一层薄膜或者形成一定强度的凝胶隔离层，阻止水泥浆渗入地层，减少了水泥水化产物和水泥浆滤液对地层的伤害。隔离液在地层形成的薄膜或凝胶隔离层同时对油气层也起到很好的保护作用，能够改善水泥环的封固质量。

5)增强界面胶结原理

在隔离液中加入具有润湿反转功能的表面活性剂可以改善水泥环与界面的胶结；或者加入聚合物，利用聚合物与井壁泥饼的吸附作用提高冲洗液在冲洗过程中的拖曳拉力，进而提高对井壁的冲洗效率，同时聚合物留在井壁和套管壁可以有效地提高水泥环与界面的胶结质量；也有的加入胶结类物质，主要是金属的碳酸氢盐和金属的液态硅酸盐等，这些物质具有一定的 pH 值和强的胶结能力，提高二界面与水泥的胶结能力和胶结强度。另外，具有较高吸附能力的物质(如氧化硅、水溶性聚合物等)，能够牢固地吸附在岩石表面，形成网状结构固结井壁，从而提高了水泥与井壁的胶结质量。

隔离液在顶替时，有紊流顶替和塞流顶替两种方式，不同的方式要求隔离液有不同的性能。

(1)紊流隔离液使用适宜于紊流顶替，它有较低的黏度和较低的紊流临界返速。在较低的返速下实现紊流顶替，可相应延长紊流接触时间，要求紊流接触时间为 10min，至少应有 7min。

(2)黏性隔离液使用于塞流顶替，隔离液应有一定的黏度和较大的切力。一般塑性黏度应在 40～180mPa・s。动切力 τ_0 应大于钻井液 10Pa 左右。

塞流顶替临界返速很低，由于“U”形管效应等原因，一般较难控制。黏性隔离液由于有一定的黏度和较大的动切力，对“U”形管效应能有所控制，因而适于塞流顶替。

(3)隔离液的密度在较大的范围内可以调节，一般要求介于钻井液和水泥浆之间。特别是在套管不居中的井眼内，用黏性隔离液进行塞流顶替时，使隔离液与钻井液保持一定的密度差和切力差。充分发挥隔离液对钻井液的浮力效应，尤为重要。

(4)对隔离液，特别是加重隔离液，要求有悬浮加重剂和固相颗粒的能力，这不仅有利于固井施工的安全，而且有利于隔离液的配制存放。

(5)隔离液要有控制失水能力，一般失水量应小于 150mL/30min(压力条件为 7MPa)。低的失水量对于控制井壁坍塌和减少地层伤害有一定意义，并可以在固井施工中大段使用，使隔离液能更好地发挥作用。

(6)黏弹性隔离液，既有黏性流体的特征又有弹性固体的特征，与黏性流体存在着法向应力差，在流动过程中会出现挤出膨胀现象。在固井顶替中，有助于将井壁处滞留的钻井液顶替出来。

隔离液体系种类有很多，如油酰胺分散剂体系、磺酸盐油酰胺分散剂体系、抗高温隔离液、表面活性剂隔离液、多功能隔离液、抗盐抗温隔离液、双效隔离液、触变性隔离液、可固化隔离液等。

第十二节　冲洗液主要作用机理

冲洗液功能上侧重于稀钻井液，冲洗干净井壁和套管壁，提高对钻井液的顶替效率和水泥环面胶结质量，它的性能特点主要有以下 4 点。

(1)具有较低的基浆密度。密度一般在 1.0～1.03g/cm³，如在流体中加了研磨性固相颗粒时，可不受限制，但要低于水泥浆的密度。

(2)有很低的黏度。基浆流型应接近于牛顿型，在井底循环温度下，有很低的紊流临界返速，一般在 0.3～0.05m/s 或更低，用于紊流顶替。

(3)能明显降低钻井液的黏度和切力。特别是化学型冲洗液对环空滞留的静止钻井液有一定的渗透力，能降低黏土颗粒间的连接力，使钻井液或泥饼的结构松弛、拆散，易于顶替。

(4)研磨型冲洗液，是在冲洗液中加了一定粒度、一定数量的固相颗粒的物质，配合紊流顶替，高速冲刷井壁和套管壁，提高水泥环界面胶结质量，此冲洗液应有一定的悬浮能力。

因此，冲洗液具密度较低、黏度很低的特点，对失水量没有严格要求，对于存在井喷、井塌等复杂情况下固井时，应慎用。

第四章　固井液试验方法

本章除介绍固井液常规试验方法以外，还增加了较多非常规固井液试验方法，如动态裂缝堵漏评价方法、腐蚀评价方法、自修复评价方法等，特别是重点介绍了水泥浆储层伤害评价方法、生物毒性评价方法等。

第一节　固井液常规试验方法

一、水泥浆配制

1. 仪器及操作规程

参见《油井水泥试验方法》(GB/T 19139—2003)。

2. 使用要点

(1)不定期对搅拌叶进行称重，如果质量损失大于10%，应更换新的。

(2)检验固井水泥浆的混配能力：以搅拌器转速在4 000r/min下30s内能彻底搅开水泥的为好，尚有干灰漂在上面的为差。

(3)为了让较稠的降失水剂和固体添加剂充分溶解，在混灰前让混合水搅拌1min。

(4)胶乳水泥浆在转速较快情况下可能会出现破乳现象，因此配浆转速不能大于4 000r/min。

(5)漂珠水泥浆在转速较快情况下可能会出现球体破裂现象，因此配浆转速不能大于3 500r/min。

(6)搬土需要预水化2h。

二、密度测量

1. 仪器及操作规程

参见《油井水泥试验方法》(GB/T 19139—2003)。

2. 使用要点

(1)定期将水或已知高密度的液体或使用厂商指定的代表同一密度的砝码置入样品杯中

进行校正。

(2)在水泥浆倒入样品杯后，应搅拌 25 次，排除水泥浆中夹带的空气。

(3)泡少的水泥浆用常压密度计测量，泡多的水泥浆用加压密度计测量。

(4)密度计应放在平整、坚硬、静止的平面上使用。

(5)冲洗密度计表面时防止水进入杯内，测量前须擦干净密度计表面。

三、漏斗黏度测量

1. 仪器

马氏漏斗：漏斗上面带有 12 目的筛网，漏斗内容积 1 500mL，流出 1 夸脱(946mL)的淡水所需时间为 26s±0.5s，如图 4-1 所示。

(1)带刻度泥浆杯。

(2)浆杯内有 1 夸脱和 1 000mL 的刻度线。

(3)秒表。

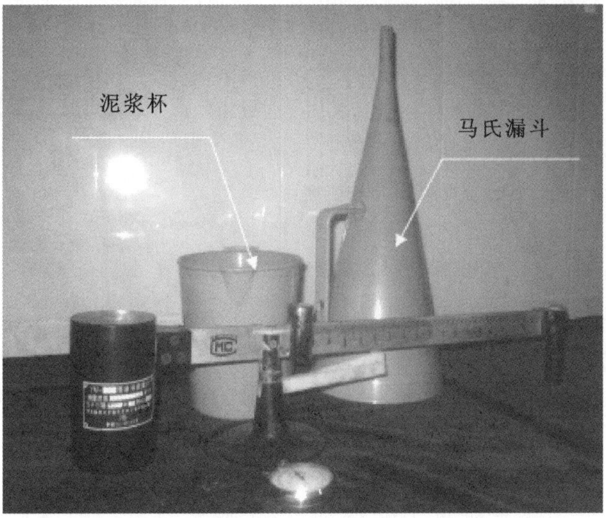

图 4-1　马氏漏斗

2. 操作规程

(1)清洁漏斗和带刻度的浆杯。

(2)用手指堵住漏斗的出口管，将经过充分搅拌的待测液样品通过漏斗上面的筛网注入直立状态的漏斗内，直至待测液液面达到筛网底部为止(应有 1 500mL)。

(3)移开堵住出口管的手指同时按动秒表，测量待测液从出口管流入带刻度的浆杯达到 1 夸脱或 1 000mL 的刻度线位置时所需时间。

(4)测量并记录被测液的温度。

(5)以秒为单位记录马氏漏斗黏度。

3. 使用要点

(1)漏斗、浆杯应保持清洁,尤其是在使用完后,要冲洗干净。

(2)浆杯应放在平整、坚硬、静止的平面上使用。

四、初终凝试验

1. 仪器

凝结时间测定仪(维卡仪),如图 4-2 所示。

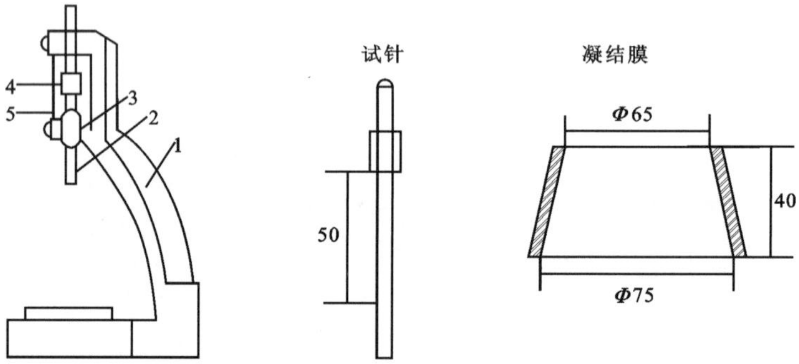

图 4-2　维卡仪

1. 铁座;2. 金属圆棒;3. 松紧螺丝;4. 指针;5. 标尺

2. 维卡仪的工作原理

水泥是一种无机的水硬性胶凝材料,当其与水混合后立即发生一系列的物理、化学变化,浆体逐渐由液态转变为固态,这个变化过程就是水泥浆的凝结过程。

当水泥浆不断水化,其结构强度不断增加,一定质量及直径的测针插入水泥浆时受到的阻力也逐渐增大,水泥浆的凝结时间以测针插入水泥浆的深度而决定。

初凝时间:由配浆混灰时计算时间,至试针沉入水泥浆体距底面不超过 1.0mm 时所需要的时间。

终凝时间:初凝后,继续将试模养护并间隔 5min 测一次,直到试针沉入水泥浆体中离上水泥浆体面不超过 1.0mm 时所需时间,加上初凝时间。

3. 操作规程

(1)实验前,检查维卡仪中心滑动杆是否能自由滑动,测针落到玻板面上,指针是否在刻度板零点上(若不在零点刻度上,应加以调整对零),试摸内壁和玻板表面,涂上薄薄一层黄油或机油以待实验。

(2)将配制好的水泥浆充分搅拌 20s 后，注入已准备好的凝结试模内，刮平盖上盖子(玻板)，放入一定温度的水浴箱内进行养护，等待凝结到一定时间(40min)后，取出测量一次，测定时将试针降到与浆面接触后固紧松紧螺丝，然后又迅速松开松紧螺丝使测针自由下落沉入水泥浆体中，最初测定时应用手指轻轻持金属棒，使其徐徐下落，以防试针碰碎底玻板或试针被碰弯。但初凝时间仍以自由下落的测定结果为准。

4. 使用要点

试针不能在同一孔眼连续插两次。

五、稠化试验

1. 试验目的

测量水泥浆在井下可泵时间的长短。

2. 稠化仪工作原理

模拟固井水泥浆从井口到井下的温度、压力和流动状态的变化过程，测量和记录水泥浆从流动到不能流动的稠化曲线。

如图 4 - 3 所示，水泥浆杯定速旋转，带动杯内水泥浆转动，把水泥浆的内摩擦力转化为浆叶的扭矩，以扭矩的大小来衡量水泥浆的流动能力。连接浆叶和弹簧的可变电阻指针，随着水泥浆的稠化而偏转，当可变电压达到 5V(稠度 50Bc)时，水泥浆处于不能泵送状态；当可变电压达到 10V(稠度 100Bc)时，水泥浆完全不能流动。

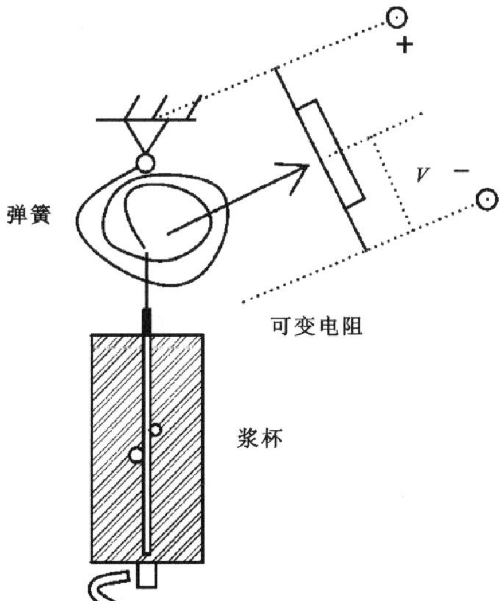

图 4 - 3　稠化仪工作原理示意图

水泥浆从加温加压至稠度达到 50Bc 所需的时间为可泵时间，达到 100Bc 所需时间为稠化时间。

3. 操作规程

参见《油井水泥试验方法》(GB/T 19139—2003)。

4. 使用要点

水泥浆稠化试验应按生产制造商提供的说明书操作。操作时应注意如下要点。

(1)浆杯组装：认真清理和润滑浆杯螺纹，防止漏浆和固死杯盖；仔细检查浆杯轴密封处和轴尖的磨损情况，偏大时及时更换，确保搅拌叶转动自如，灌浆后不漏不卡。

(2)浆杯灌浆：灌浆时，用刮刀在搅拌杯中搅拌水泥浆减少离析；敲击浆杯外部，除去夹带的空气，将浆杯底盖拧紧到位，并确保水泥浆从中心孔溢出，防止加压时，铜块摩擦桨叶。

(3)电位计维保：用手转轴，检查轴承是否有阻卡现象，有则更换轴承；反复转轴几次，检查弹簧指针每次回位是否为零，如果差别较大，则需校核弹簧和调零，检查弹簧的形变与弹力是否还呈线性关系，必要时更换之，确保稠化曲线平滑，真实反映水泥浆的稠度。

(4)温度和压力控制：同样井深，套管固井、尾管固井、挤水泥及水泥塞作业的温度和压力控制方案不同，需区别对待。温度和压力控制方案有两种：一种是根据泵注速度、井下流体密度和段长、地面泵压等固井背景资料算出的升温升压方案，适用于固井配方试验。另一种是 API 试验规范，适用于水泥检验和试验条件比较规范的试验。用该规范测得的试验结果容易在同行中交流。

(5)温压控制：水泥浆在升温升压阶段要密切注视，防止因温控仪失控造成釜体压力过高而引发事故。

(6)环空水泥柱底部循环温度高于环空水泥柱顶部静止温度的水泥浆稠化时间试验：温度和压力达到 BHCT 和 BHP 后，应继续保持 30min，再按设计的环空温度变化率 Δt 和环空压力变化率 ΔD_{P} 控制温度和压力，达到 TOCT 和 TOCP 试验条件后，保持至完成稠化时间试验。

(7)批量混合水泥浆的稠化试验：应将制备好的水泥浆放在稠化仪内，按照设计的地面混合液温度，搅拌混配水泥浆所需时间。

(8)间歇挤水泥作业的稠化时间试验：有 4 个温度控制段。第一段，从地面温度升至挤水泥的循环温度，连续搅拌水泥浆；第二段，保持循环温度至水泥浆注替所需时间，连续搅拌水泥浆；第三阶段，循环温度升至 BHST，水泥浆搅拌和停止搅拌交替循环；第四段，保持 BHST 至稠化试验完成，水泥浆间歇搅拌。

(9)高温稠化试验：90℃以上的稠化试验，水泥浆稠度达到 100Bc 后，先将温度降至 90℃以下，再缓慢泄压。

(10)停顿控制：间歇挤水泥作业的稠化试验，水泥浆需“搅拌”和“停止搅拌”交替循环。水泥塞作业的稠化试验，当稠化试验进行到水泥浆注替所需时间后，停顿 10min，检查水泥浆的触变性。

六、游离液试验

1. 油井水泥游离液检验规程(GB 10238—2005)

(1)API 标准配浆 600mL。

(2)在常压稠化仪中 27℃±1.7℃搅拌 20min±30s。

(3)1min 内把水泥浆倒入干净干燥的容积为 500mL 的锥形瓶中,如图 4-4 所示。H 级水泥倒入 790g±5g,G 级水泥倒入 760g±5g。

(4)在 22℃±2.8℃下用橡胶片或塞密封静置 2h±5min,用移液管轻轻吸出游离液。

(5)$游离液百分比含量(\%)=\frac{游离液(mL)\times 原水泥浆密度(g/mL)}{瓶中水泥浆质量(g)}\times 100$。

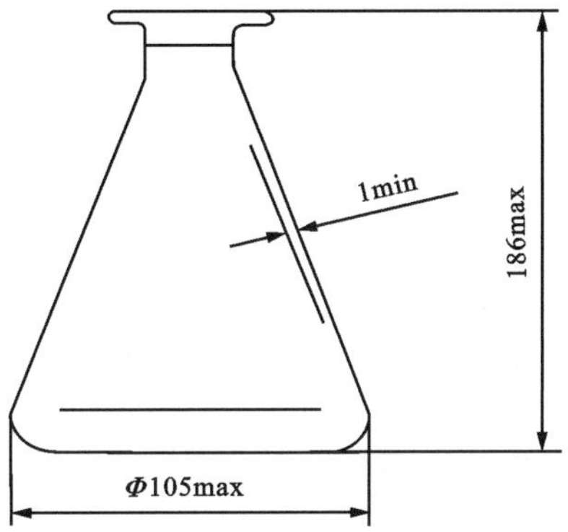

图 4-4 锥形瓶

2. 固井水泥浆游离液操作规程

参见《油井水泥试验方法》(GB/T 19139—2003)。

3. 使用要点

(1)试验程序。恒速搅拌器配浆→稠化仪搅浆→量筒密封静置→量取游离液。

(2)油井水泥的检验方法具有强制性。与 API SPEC 10A 第五版有很大的不同。

(3)防止水泥浆的温度突变。在稠化仪加热,起始温度为室温,而不是以前先把常压稠化仪的水加热。加热好的水泥浆倒入玻璃量筒前,需预加热量筒。

(4)水泥浆搅拌方法的选择。低于和等于 80℃,用常压稠化仪搅拌;高于 80℃,用增压稠化仪搅拌。按稠化试验的温度压力控制方案加温加压,到达所需的试验温度和压力后,对大斜度井固井水泥浆建议多搅拌 30min±30s,其他水泥浆要立即转移至量筒中静置。

(5)防高温伤人和浆杯水泥浆喷出。试验温度高于 90℃时,从稠化仪中取出浆杯前需采用"自然降压"和"快速冷却降温"的方法,把水泥浆的温度在 20min 内降至 90℃以下。此时才能泄压开盖取出浆杯。

(6)防试验油和水泥浆相混。从稠化仪中取出浆杯,不要倒置浆杯,以避免试验油混入水泥浆。拧下浆杯顶部固定环，取下驱动挡、隔板上盖和垫圈，用注射器和纸巾吸去隔板上面的油，取出隔板和支撑环，用注射器和纸巾吸去水泥浆上面所有残留的油。

(7)防样品不均匀。水泥浆从稠化仪浆杯中倒入量筒过程中，应用刮刀不断搅拌水泥5s以重新分散可能沉降在浆杯底部的所有固相。

(8)静置养护方法的选择。水泥浆体系的游离液受静置的温度环境影响不大的(需经过试验对比)，采用室温密封静置的方法；影响大的，则采用加热静置养护的方法。

(9)井斜角超过35°的，水泥浆按45°倾斜角静置养护。

(10)固井配方水泥浆游离液试验，从稠化仪搅拌出来的水泥浆不需用恒速搅拌器12 000r/min高速搅拌35s。

(11)水泥浆静置2h后，如果水泥浆柱上下颜色差别很大，则水泥浆的沉降稳定性很差，不管所测的游离液多少，都需要重新调整配方。

七、抗压强度试验

1.仪器及操作规程

油井水泥强度检验，参见API规范10A第23版和《油井水泥》(GB 10238—2005)。

油井模拟抗压强度试验，参见API RP10B《油井水泥试验方法》(GB/T 19139—2003)。

2.试验程序(采用API最简单的程序)

(1)G级水泥检验：恒速搅拌器配浆→浆入试模→在预热好的常压水浴锅(38℃/60℃)养护至龄期前45min→27℃±3℃水浴冷却→压力机破碎测量。

(2)短水泥柱(井底循环温度BHCT>水泥柱顶部静止温度TCST)底部强度测定。

①井底静止温度BHST≤65.6℃。恒速搅拌器配浆→浆入试模→在预热好的常压水浴锅(BHST)养护至龄期前45min→27℃±3℃水浴冷却→压力机破碎测量。

②65.6℃<BHST≤90℃。恒速搅拌器配浆→浆入试模→增压养护釜养护龄期前45min→27℃±3℃水浴冷却→压力机破碎测量。

③BHST>90℃。恒速搅拌器配浆→浆入试模→增压养护釜养护至龄期前105min停止加热，1h内冷却至90℃或更低，测试前45min缓慢泄压→27℃±3℃水浴冷却→压力机破碎测量。

增压养护的第一升温段：在水泥浆到达井底的时间t分钟内，温度从室温升至BHCT。

增压养护的第二升温段：240min的时间减去t分钟，温度从BHCT升至BHST。

(3)长水泥柱(BHCT<TCST)顶部水泥石抗压强度测定。

①TCST≤90℃。恒速搅拌器配浆→增压稠化仪搅浆→按稠化试验方案升温升压至BHCT和BHP，保持该温度压力搅拌60min→保压降温，以1.1℃/min的冷却速度降至顶部循环温度TOCT，高于90℃时取90℃→放入预热好的增压养护釜(TOCT)→釜体加压20.7MPa±3.4MPa，在360min内温度从预热温度升至TCST。养护至龄期前45min→27℃±3℃水浴冷却→压力机破碎测量。

②TCST>90℃。恒速搅拌器配浆→增压稠化仪搅浆→按稠化试验方案升温升压至 BHCT 和 BHP,保持该温度压力搅拌 60min→保压降温,以 1.1℃/min 的冷却速度降至顶部循环温度 TOCT,高于 90℃时取 90℃→放入预热好的增压养护釜(90℃)→釜体加压 20.7MPa±3.4MPa,在 360min 内温度从预热温度升至 TCST→养护至龄期前 105min 停止加热,1h 内冷却至 90℃或更低,测试前 45min 缓慢泄压→27℃±3℃水浴冷却→压力机破碎测量。

3. 使用要点

(1)增压养护的压力从试样一放入压力釜就施加,在整个养护期间始终维持不变。水泥浆密度为 1g/mL 方案(305m),压强设置为 800psi±100psi;水泥浆密度为 2g/mL 方案(610m),压强设置为 1 600psi±200psi。其他方案,3 000psi±500psi。

(2)API 的试验龄期。不是从制备水泥浆到破碎水泥块所经历的时间,而是指试样在养护釜内开始加温至测出它的抗压强度所经过的时间。

(3)倒浆入模。模块缝隙处涂薄层黄油防漏;用捣棒边搅边倒入试模,防沉淀;每个试模倒入一半体积后捣拌 30 次,排净水泥浆的泡并充满试模的边角。

(4)防试验油和水泥浆相混。从稠化仪中取出浆杯,不要倒置浆杯,以避免试验油混入水泥浆。拧下浆杯顶部固定环,取下驱动挡、隔板上盖和垫圈,用注射器和纸巾吸去隔板上面的油,取出隔板和支撑环,用注射器和纸巾吸去水泥浆上面所有残留的油。

(5)测破损强度。水泥块要选两个完全平行的侧面作为受压面,必须放置在中心。

(6)加荷速率的选择:抗压强度大于 3.5MPa 的试样,加荷速率 71.7kN/min;等于或小于 3.5MPa 的,加荷速率 17.9kN/min。

(7)测试质量。同一样品至少要有三块合格水泥石块。水泥石块尺寸与标准 50.8mm 不得有 1.6mm 的偏差,每个水泥块的抗压强度与平均值不得有 10%的偏差。否则,试验需重做。

八、超声波强度试验

1. 目的

测定水泥浆超声波强度及静胶凝强度发展曲线。

2. 仪器

浆杯、静胶凝强度分析仪。

3. 工作原理

如图 4-5 所示,压力釜能够控制水泥浆的温度和压力。通过测量水泥试样硬化过程中穿过其超声波信号速度的变化来测量泥浆的胶凝强度和水泥石的抗压强度。强度低的信号速度慢,强度高的信号速度快,根据所接受超声波的信号速度大小,实时、连续地计算出水泥浆的胶凝强度和水泥石的抗压强度。

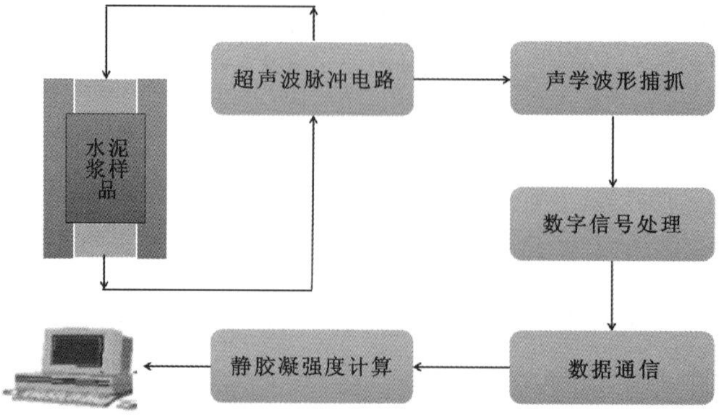

图 4-5 超声波原理图

4. 使用要点

本试验方法 API 规定不做强制性要求。超声波强度仪的操作需按照生产制造商提供的说明书操作。操作时应注意如下事项。

(1)釜体螺纹线不要沾上水泥,若釜上下部的密封圈变形,则需替换。

(2)在釜体及釜塞表面涂一层高温脂,以减少水泥与金属的黏结,更便于清洗。

(3)O 型圈及金属环用高温脂涂抹,确保釜底、顶塞密封部件的安放位置,用专用扳手定位,手拧紧釜底塞。当塞接触釜外圈面后,如再拧得太紧,会导致密封问题及卸塞困难。

(4)传感器头上涂一点耦合剂,但不能涂抹太多以免引起传导误差。

(5)过量的游离液会损害测量精度。水泥浆的游离液可使水泥不与釜体顶盖接触而影响穿过水泥的信号。

九、失水试验

1. 仪器及操作规程

参见《油井水泥试验方法》(GB/T 19139—2003)。

2. 仪器工作原理

如图 4-6 所示,仪器模拟水泥浆在地层温度和 6.9MPa 压差下,渗过由 45 μm 主滤网和 0.25 μm 支撑筛网构成的整体式滤网层,在不超过 30min 的试验周期内收集的滤液量,按下式折算成 API 失水量。

$$\text{API 失水量} = 2Q\frac{5.477}{\sqrt{t}}$$

式中:Q 为在发生脱水时间 t(min)时刻所收集到的滤液体积(mL)。

3. 试验程序

(1)温度低于或等于 90℃的试验。水泥浆可在常压稠化仪或高压稠化仪中搅拌后用静失

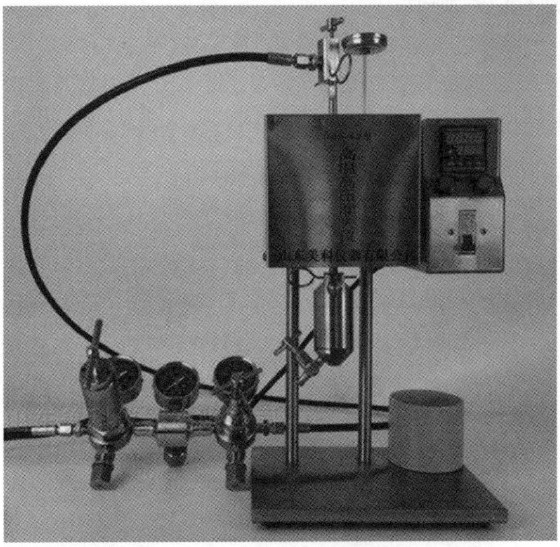

图 4-6　失水仪

水仪进行试验，或者用搅拌式失水仪进行试验。

(2)温度高于 90℃的试验。水泥浆可在高压稠化仪中搅拌后用静失水仪进行试验，或者用搅拌式失水仪进行试验。

4. 操作要点

(1)试验温度：大斜度井固井、水泥塞和挤水泥作业用 BHST，套管和尾管作业用 BHCT。

(2)稠化仪预处理水泥浆：不管是用常压还是高压稠化仪，起始温度均为室内温度。到达试验的温度和压力后，对大斜度井固井水泥浆建议多搅拌 30min±30s，其他水泥浆要立即转移至失水筒中进行测试。

(3)从高压稠化仪中取出浆杯。不要倒置浆杯，用注射器和纸巾吸去隔板上面的油，以避免油混入水泥浆。

(4)失水仪水泥浆量：对于长度为 12.7cm 的失水筒，水泥浆灌注高度在滤网支撑台下面 2.5cm±0.6cm 处；对于长度为 25.4cm 的失水筒，水泥浆灌注高度在滤网支撑台下面 5.1cm±0.6cm 处。如果失水仪中水泥浆过满，会因水泥浆的热膨胀而发生危险。

(5)防水泥浆汽化：试验温度等于或高于 90℃时，预热静失水仪的失水筒至 90℃±3℃。把预处理好的水泥浆装入失水筒，施加 500psi 压力(注意此时不能关闭试验阀)，在水泥浆搅拌完成后 6min 内把失水仪浆筒和加热套加热到试验温度。

(6)不管是静态失水仪还是动态失水仪，当水泥浆温度到达试验温度时，都要倒置失水筒，使过滤网位于失水筒底部。施加 1 000psi 压差后 30s 后，才能打开底阀测量。

(7)对于有明显沉降的水泥浆，测出的失水值是错误的。对于不足 30min 的失水试验，试验本身具有潜在的误差，试验时间越短，误差越大。对于满 30min 的失水试验，试验误差一般为 5%。对于不足 5min 的失水试验，试验误差可超过 30%。

十、流变性和胶凝强度测定

1. 仪器及操作规程

参见《油井水泥试验方法》(GB/T 19139—2003)。

2. 六速旋转黏度计工作原理

六速旋转黏度计是一个由电机驱动的直读式测试仪器，对于每一个固定的转速，外筒都是以恒定的转速旋转，如图 4－7 所示。当外筒旋转时，水泥浆也随之旋转，并在内筒面产生一个力矩，使内筒扭转一个角度，内筒的扭转位置通过带在其上的弹簧和刻度盘反映出来。改变外筒转速，可以得到内筒面的不同扭矩或剪切应力值。

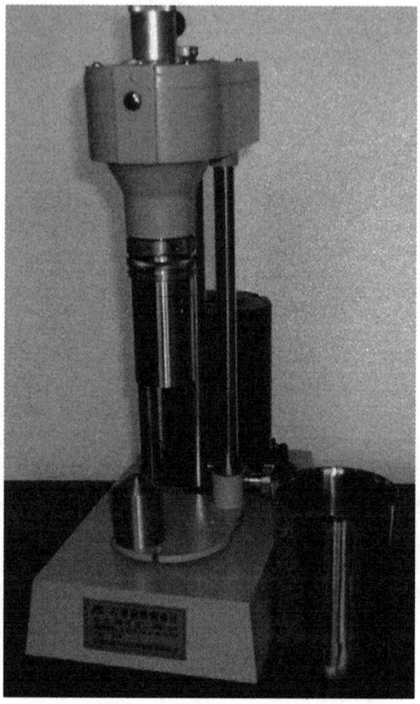

图 4－7　六速旋转黏度计

3. 试验程序

恒速搅拌器配浆→稠化仪预处理水泥浆→六速旋转黏度计测流变参数。

4. 使用要点

(1)常压黏度计使用温度：<87℃。

(2)六速旋转黏度计校准：仪器在任何转速下空转，读数都为零。在摆子—转子下面放一小镜子，检查居中度。用静重法或在特定温度下测量已知黏度的牛顿型流体来确定弹簧张力。偏差大时必须纠正。

(3)除温度突变对其性能无影响的特殊水泥浆外，其他水泥浆在稠化仪中的预处理都应从27℃开始升温，按最能模拟现场条件的试验方案加温加压。

(4)流变仪的浆杯需预热。在试验期间，浆杯、外筒和内筒都应保持在试验温度±2℃以内。要在最低转速下把水泥浆液面升至转子刻度线。先按转速递增的次序，后按递减的次序，在每种转速转动10s后读出刻度值。水泥浆不能用600r/min转速搅拌，防止沉淀。前置液则需要600r/min转速搅拌。

(5)在整个试验期间，动作连贯，尽力防止水泥浆静止。

(6)在每种转速下都应计算出递增和递减两读数的比值。大多数比值近似1，表示水泥浆无沉淀；大多数比值高于1，意味水泥浆有沉淀；大多数比值小于1，表明水泥浆胶凝。

(7)取每种转速下读数的平均值作为流变参数的基本数据。

(8)10s胶凝强度的测定：黏度计中的水泥浆在300r/min下重新搅拌1min后静置10s，用5.1s^{-1}(相当于3r/min)的剪切速率开始转动，记录观测到的最大读数。通过流变参数公式计算10s胶凝强度。同样关闭黏度计10min后，测定10min的胶凝强度。

第二节　固井液非常规试验方法

一、便携式高温高压稠化模拟技术

稠化仪是在特定温度和压力条件下测定水泥浆稠化时间的仪器。水泥浆的稠化时间是衡量固井施工是否安全的最重要的技术参数，是保证固井施工质量的重要参数之一。

20世纪70年代至80年代的稠化仪，由于体积大、质量大、操作维护复杂，稠化试验仪在专门的实验室中进行；90年代开发出的便携式稠化仪，虽然可以到作业现场做固井配方复核试验，但由于当时的技术水平限制，仪器的质量不够轻、体积不够小、承压不够高、操作不够方便，不能成为真正的便携式高温高压稠化仪，现场稠化试验仍需派化验工程师操作。为了提高稠化仪性能的可靠性和操作便利性，降低仪器使用对场地和人员的要求，由中海油田服务股份有限公司与沈阳金欧科石油仪器技术开发有限公司联合开发，设计和制造了新一代便携式高温高压稠化仪，现场应用效果良好。

1.稠化仪的发展历史

中国在20世纪70年代引进美国API标准，开始进口美国某公司生产的7型增压稠化仪并仿制，它的发展历史大概可分为以下4个阶段。

1)20世纪70年代，中温中压稠化仪

某建材厂80年代中期开始仿制美7型增压稠化仪，它的特点如下：①模拟PID控制器控制温度，控温精度不够，不能程序控温。②齿轮传动，盘根密封。由于盘根密封方式，最高温度200℃，最高压力175MPa，实际使用中很难达到压力指标，一般只能达到100MPa，并且维修非常困难。③稠度测量采用釜内电位计方法。

2)20 世纪 80 年代,高温高压稠化仪

80 年代,国内开始进口美国某公司生产的 8 型高温高压增压稠化仪,它的特点如下:①采用磁力驱动的传动装置,最高温度 315℃,最高压力 275MPa。②采用了数字温度控制器,程序控温。③浆杯加装了上盖,用来防止溢出的水泥浆直接污染釜内。④稠度测量采用釜内电位计方法。

国内于 1987 年开始研制仿造美国 8 型稠化仪并于 1989 年研制成功,开始没有合适的数字控温器,而采用个人电脑实现数字程序控温,并实现计算机数据采集。由于个人电脑在现场使用的局限性,在 1992 年有了进口温控器之后,采用了英国某公司的 818 温控器,从此国产稠化仪的技术指标基本达到美国公司生产的 8 型增压稠化仪要求。

3)20 世纪 90 年代,准便携式稠化仪

90 年代初,国内外相继生产了改进型稠化仪。它在原稠化仪基础上加装了高压可控泄压泵,在原有温度程序控制基础上实现压力程序控制。

90 年代同期出现了便携式稠化仪,它的结构原理与增压稠化仪基本相似,主要是压缩了釜体和框架等尺寸,但牺牲了温度和压力指标,目的是便于携带,适于现场实验。但由于结构原理限制,质量、体积和操作方便性依然达不到便携的要求。某公司的便携式稠化仪,仪器体积为 660mm×360mm×500mm,质量 100kg,电位计稠度测量机构,易损件多,需要经常修理及校正。同时,结构紧凑后,拆装十分困难,一旦需要维修,现场很难解决。

4)21 世纪初,高温高压便携式稠化仪

一种新型的无电位计便携式稠化仪的问世打破了瓶颈,釜外的稠度测量方法解决了传统电位计的弊端。取消电位计的同时缩小了釜体内腔尺寸,使得釜体高度及壁厚大大缩小,减轻了釜体质量。同时,新稠化仪的结构尺寸最大限度地缩小,人性化的结构设计使得维护更方便。新型稠化仪体积为 500mm×330mm×470mm,质量 60kg,成为真正意义上的便携式稠化仪。

2. 稠化仪的划代标准

根据增压稠化仪的温度与压力的控制方式、动力传动与密封方式、水泥浆稠度的采集与维保操作的便利性等发展过程,可把增压稠化仪的技术级别划分为“中温中压”一代、“高温高压”二代和“高温高压便携”三代,主要技术特征如表 4-1 所示。

表 4-1 增压稠化仪的技术级别表

型号	技术级别	温压控制	传动与密封	稠度采集	体积与质量	典型稠化仪
1	第 1 代	模拟控制	齿轮/填料	内置电位计	大	Chandler 7010
2	第 2 代	程序控制	磁力/O 型圈	内置电位计	大	Chandler 8025
3	第 2.5 代	程序控制	磁力/O 型圈	内置电位计	中	Chandler 7720
4	第 3 代	程序控制	磁力/O 型圈	外置扭矩器	小	COSL 2010

3. 第三代稠化仪的关键技术

DFC－0730 型便携式稠化仪(图 4－8)是严格按美国石油学会的设计要求制造的,由中海油田服务股份有限公司与沈阳金欧科石油仪器技术开发有限公司联合开发,具有世界领先水平的第三代稠化仪。它获得新型便携式稠化仪、新型水泥浆稠度测量装置、新型高压釜釜盖密封结构、磁力驱动器电机等七项国家发明专利。

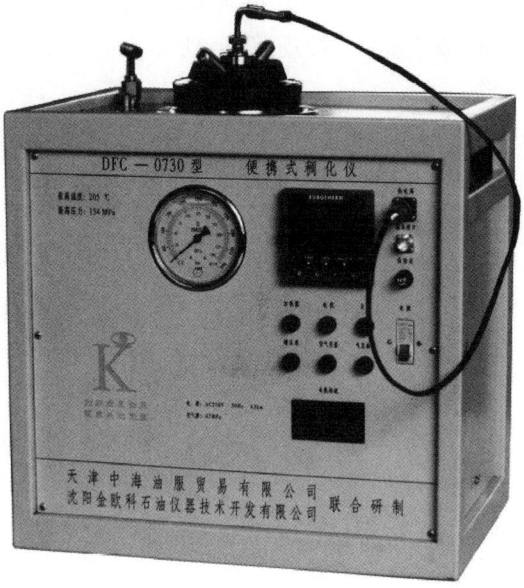

图 4－8　DFC－0730 型便携式稠化仪

1)仪器结构特点

(1)首创无电位计测量稠度的设计,操作更简便,测量更准确。

(2)采用英国欧陆 3504 温控器、进口压力传感器。

(3)美国原装气驱增压泵、美国原装高压阀门。

(4)国内外同类产品中最轻的质量,最小的体积,最高技术指标。

(5)人性化设计,结构新颖、牢固,更方便操作。

(6)仪器外包装为铝合金箱,内有减震设计,适合搬运携带。

(7)笔记本电脑,RS－232 通信接口,数据采集软件,实现曲线、数据处理功能。

2)仪器的主要技术参数

(1)电源:AC220V(±10%)2.2kW。

(2)空气源压力:0.3～0.7MPa。

(3)水源:0.1～0.4MPa。

(4)最高压力:154MPa,最高温度 205℃。

(5)多段程序控制温度,温度控制精度小于±1℃。

(6)电机转速:(150±15)r/min。

(7)体积:50cm×33cm×50cm。

(8)质量:60kg。

3)试验的操作流程

(1)准备:关闭稠化仪所有开关。

(2)接通电源开关,检查并确保温控器程序复位。

(3)编辑温度控制程序。

(4)按照《油井水泥》(GB 10238—1998)要求制浆,组合好浆杯。

(5)使用专用夹子,把浆杯放入釜内,转动浆杯,使杯体平稳落座在釜内驱动盘上,然后接通电机开关,浆杯应转动平稳。

(6)稠度校零。方法:当电机转速升至150转左右,接通再断开自动开关,用户显示页的稠度值被调为零左右。稠度校零操作可重复进行。操作后要确保自动开关关闭。

(7)旋上釜盖。

(8)旋入热电偶,留有适当气隙。

(9)关闭高压释放阀,接通气至油箱开关。直到内热电偶锁紧螺丝处溢出油,釜内油满。这时要快速将内热电偶螺丝锁紧。

(10)接通增压泵开关,增压到初始压力后,关闭增压泵开关。

(11)运行升温程序。具体方法如下:按AUTO/MAN自动/手动转换键(MAN显示);按动二次RUN/HOLD运行/暂停键(RUN显示);再次按AUTO/MAN自动/手动转换键(MAN消失);温控器控制程序开始运行。

(12)接通加热开关,接通自动开关。试验正式开始。

(13)当稠度达到报警点时,控制系统发出报警声,并自动关闭电机、加热器。

(14)首先关闭面板上所有操作开关,然后复位控制程序(按RUN/HOLD运行/暂停键持续3s以上,RUN消失)。

(15)缓慢开启高压释放阀释放釜内压力,接通空气至釜开关,釜内油排净时,会发出排气声。这时关闭空气至釜开关。

(16)排气声消失后,方可旋出热电偶。旋出釜盖(必要时可借助胶锤),钩出浆杯。

(17)将浆杯内的水泥倒掉,清洗浆杯、桨叶、隔膜片、铜衬套及小O型圈,重新涂油脂备用。

(18)开启冷却水阀,开始冷却。

(19)关闭总电源开关。

(20)高温试验操作在试验温度高于100℃时,试验进行完第(14)步后,应及时开启冷却水阀使釜体降温,待温度低于90℃后,方可进行第(15)步以后操作。

二、模拟地层裂缝动态漏失评价技术

中国南海莺琼盆地油气资源丰富,属于世界海上三大高温高压区域之一。地层主要以砂泥岩为主,高温高压,多压力体系。固井的主要问题是压力窗口窄,容易漏失,造成水泥浆低返甚至失返。砂泥岩固井,当环空液柱压力大于破裂压力时,会发生水力尖劈,导致裂缝漏失。固井失返后容易造成油气层漏封、油气水窜，危害油气井甚至人身安全等。

传统的固井水泥浆堵漏能力评价手段主要包括割缝板法和砂盘法，如图 4－9 所示。该堵漏评价装置的特点是缝宽或孔喉直径固定，与环空液柱压力大小无关。而实际地层破裂后，液柱压力越大，裂缝宽度越大，反之则越小，即裂缝宽度是动态变化的。动态裂缝内的水泥浆随着井内压力的波动会反复“吞吐”动态漏失。因此，传统法评价水泥浆的堵漏能力，虽有一定的参考价值，但不能真实模拟地层的堵漏效果。时常发生室内评价堵漏效果很好的堵漏水泥浆，施工后地层漏失依旧。

传统的水泥浆堵漏材料主要是坚硬的大粒径架桥材料和软性缠绕纤维（图 4－10）的复合材料。它的缺点是颗粒大，容易堵塞窄环空间隙；水泥浆黏稠，摩阻大，容易蹩漏地层；大颗粒复合材料附着在裂缝口附近，在裂缝“一张一合”的“吞吐”作用下容易反吐出来，尖劈裂缝的堵漏可靠性差。

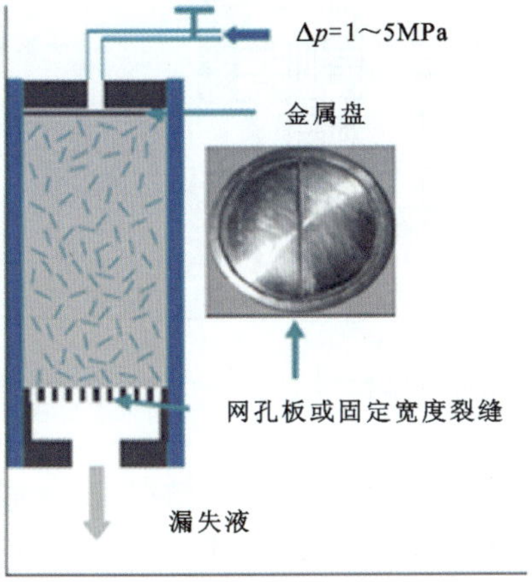

图 4－9　常规堵漏评价示意图

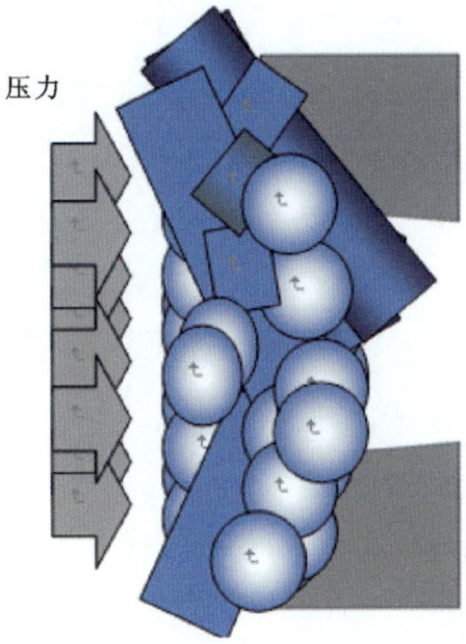

图 4－10　传统水泥浆堵漏示意图

因此，需要开发动态裂缝堵漏评价技术和相应的堵漏材料，以提高窄环空间隙、窄安全压力窗口的固井质量。中海油田服务股份有限公司与沈阳金欧科石油仪器技术开发有限公司联合开发，设计和制造了新一代动态裂缝堵漏评价仪，现场应用效果良好。

1. 动态裂缝堵漏评价仪结构图

图 4－11 是模拟地层裂缝大小随井内液柱压力动态变化的动态裂缝堵漏评价仪的结构图。动态裂缝堵漏仪主要由堵漏浆腔体 1、漏失腔体 2、驱动腔体 3 组成。

传动装置：由锥塞 10、连杆 11、活塞 12 组成，上部锥塞 10 位于漏失腔体 2 内，通过能够上下运动的连杆 11 将活塞 12 伸入到驱动腔体 3 中。

供压装置：由氮气源、调压阀、压力表组成。将压力源通过驱动压入口 8 输入至驱动腔体 3，作为活塞 12 向上运动的驱动压，模拟地层破裂压力；将压力源经由测试压力阀 6 和节流器 7，联通堵漏浆腔体 1，模拟液柱压力。

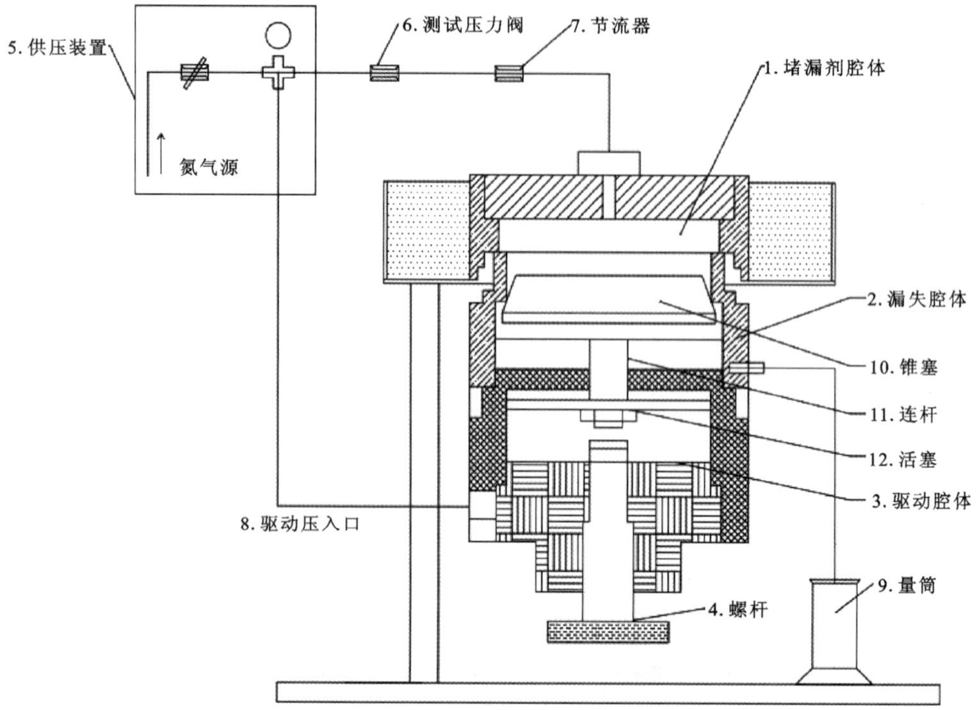

图 4－11　动态裂缝堵漏仪结构图

调节机构：螺杆 4，上端位于驱动腔体 3 中，在供压装置 5 未供压情况下，与联动机构的活塞 12 下部接触。通过调节活塞运动行程的下限，模拟尖劈裂缝孔道最大间隙，获得裂缝张开后的最大环形漏隙。

计量装置：即量筒 9，测量由漏失腔体 2 的漏失液出口流出的液体体积。

2. 工作原理

1）水力尖劈裂缝封堵原理

如图 4－12 所示，当井内液柱压力 p_1 大于地层破裂压力 p_0 时，发生水力尖劈裂缝，如堵漏材料封堵良好，则封堵材料后面的缝尖处压力 p_2 因液柱压力无法补充而降低。当 $p_2 < p_1 < p_0$，尖劈作用停止；如封堵失败，则 $p_1 = p_2$，尖劈作用继续，漏失不止。

2）动态裂缝堵漏评价仪工作原理

堵漏浆腔体 1 压力大于驱动腔体 3 压力时，联动机构在压差下向下运动，环形漏隙打开；漏浆后，压差变小，联动机构向上运动，漏失缝宽变窄；变窄后压差变大，联动机构又向下运动，环形漏隙如此“一张一合”直至堵漏浆完全堵住或完全漏完。如果堵漏浆的堵漏效果好，则堵漏浆腔体 1 和漏失腔体 2 的压差大，漏失量少。反之，则压差为零，浆体全部漏失。

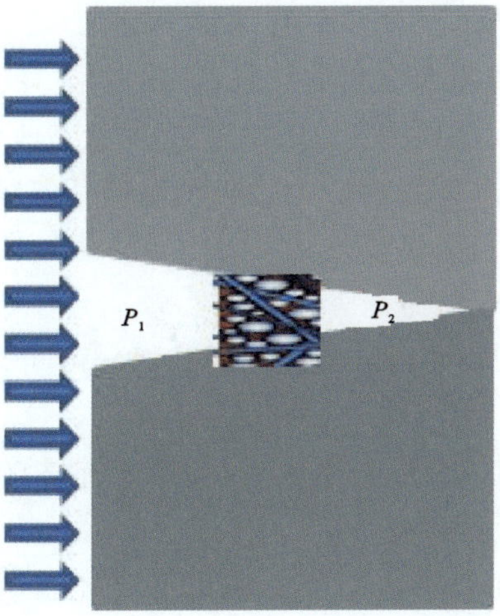

图 4－12　水力尖劈裂缝封堵示意图

3. 试验程序

水力尖劈裂缝孔道设定：根据测试要求的最大环形漏隙调动 4 来调节联动机构运动行程的下限，通常设定漏浆缝宽 0.5～1.0mm。

灌浆：断开 6，调节 5，模拟破裂压力 1MPa，使联动机构在驱动压的作用下向上运动，漏隙宽度为零；将 1 的上盖卸下，注入堵漏浆后，安装上盖。

测试：接通 6，使来自 5 的测试压在 7 的限速作用下逐渐输入至 1 中，模拟液柱压力。逐渐加大液柱压力，分别测试相同体积的堵漏浆在不同缝宽下的压差。

三、水泥环应力应变破坏模拟评价技术

水泥环应力应变破坏模拟装置是由中海油田服务股份有限公司与沈阳金欧科石油仪器技术开发有限公司联合开发的。为分析高温高压油气井的工况特征，温度压力变化是引起水泥环与套管产生微环隙的重要因素之一，设计了一种模拟“6 井眼、4－1/2”尾管因温度压力变化引起固井胶结失效的装置，通过室内实验研究温度压力变化对水泥环应力-应变状态的影响，了解其胶结失效机理，揭示不同水泥环力学特性在不同温度压力下对其胶结失效的影响规律，有针对性地设计适用的韧弹性水泥配方，制定合理的固井技术措施和正确选择作业参数。

1. 设备具备的功能及达到的技术指标

1)设备具备的功能

(1)内层套管采用现场使用的“4－1/2”尾管加工。

(2)在同一台设备内完成水泥浆胶结并开展温度-水泥环胶结失效实验，从水泥浆养护到开始试验前所受压力不能发生改变。

(3)水泥环上部留有伸缩空间。

(4)能够模拟水泥环因现场试压放压引起的状态改变。

(5)能够模拟水泥环因现温差大引起的状态改变。

(6)能够模拟水泥环因注水造成围压变化而引起的状态改变。

(7)电脑采集信号,实时记录套管内压力、围压、温度和气窜检测结果。

2)设备应达到的技术指标及满足要求

(1)水泥环内腔高 1 000mm。

(2)模拟固完井后,水泥环厚度 15mm、20mm 和 30mm 可调,考虑不同水泥环厚度对声波测井的影响。

(3)配 20mm 厚水泥环的胶套 15 个,配 15mm 厚水泥环的胶套 4 个,配 30mm 厚水泥环的胶套 4 个,胶套长久耐温 160℃。

(4)水泥环外围压腔温度和套管内温度分别可升降控制,实现内外部分独立升温和降温(两套升温和降温系统,最大化区别温差影响)。

(5)试验组件放入釜体时,加辅助引导机构,不需轨道或沟槽。

(6)考虑安全性,结合现场实际,套管内最大压力为 70MPa,最大围压为 40MPa,釜体设计压力为 40MPa。

(7)温度控制精度:±1.5℃,压力控制精度:±1MPa。

(8)测量流量精度:0.01g,排水取气法,天平计量。

(9)测量气窜采用量程 40MPa 高压氮气瓶。

(10)加工一套专用拆卸工具。

(11)水泥浆加围压养护,等压养护,外层套管与釜体间环空压力、水泥环上部压力与套管内压均为 21MPa(釜体内环空与水泥环上部通过管路在釜体外联通)。

(12)养护介质全部为高温液压油。

3)设备整体结构设计

在对现有设备调研、明确该设备设计目的和技术指标的基础上,可以初步确定设备应具备的主要组成部分。从设备安全性和可操作性角度考虑,认为设备应当包括工作台、控制面板、信号采集系统、辅助起吊系统、油箱总成、泄压泵总成和高压泵等部分。据此,确定了设备的整体结构(图 4-13)。

四、水泥环微环隙评价技术

水泥微环隙仪是由沈阳金欧科石油仪器技术开发有限公司与中海油田服务股份有限公司联合研制的,用于真实再现不同水泥浆体系在井下环空状态发生收缩或膨胀的现象,而区别于传统的端面位移测量,并实时测量收缩或膨胀的位移量值变化,是评价不同水泥浆体系收缩或膨胀效果的前沿设备。

1. 产品特性

(1)模拟水泥浆体系环空状态下径向变化。

(2)可同时测量一界面和二界面收缩或膨胀的位移量值变化。

(3)测量范围:±2.5mm。

(4)测量精度:0.002mm。

(5)运用计算机数据采集与控制,实时记录分析温度、压力、一界面位移量、二界面位移量,并绘制试验曲线。设备采用 RS－232 通信接口。

(6)已获得五项国家发明专利。

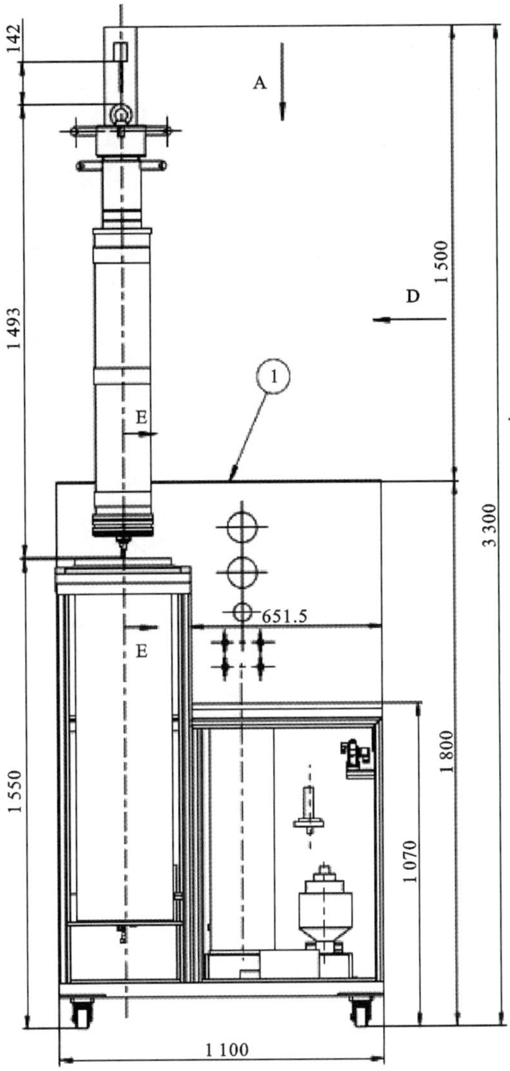

a. 设备总装图主视图

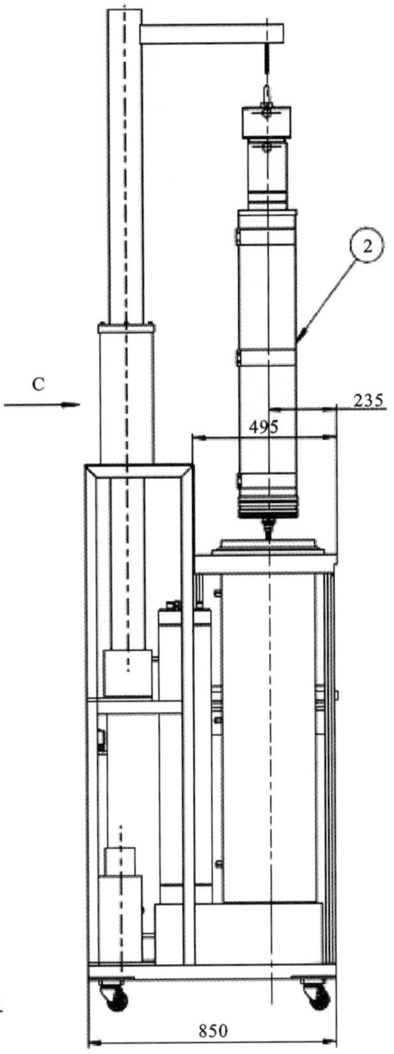

b. 设备总装图左视图

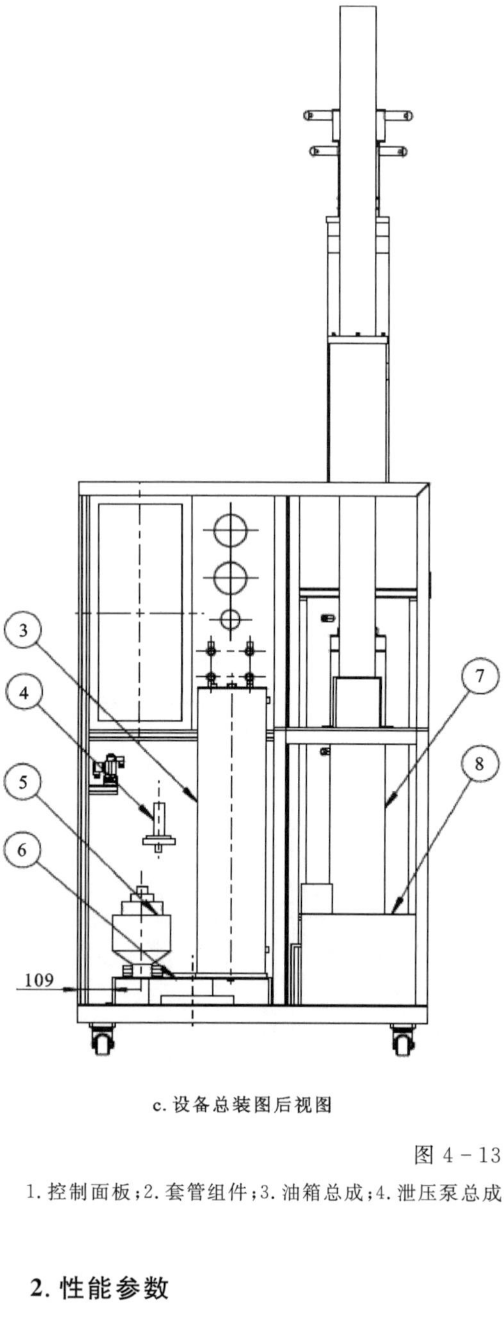

c. 设备总装图后视图

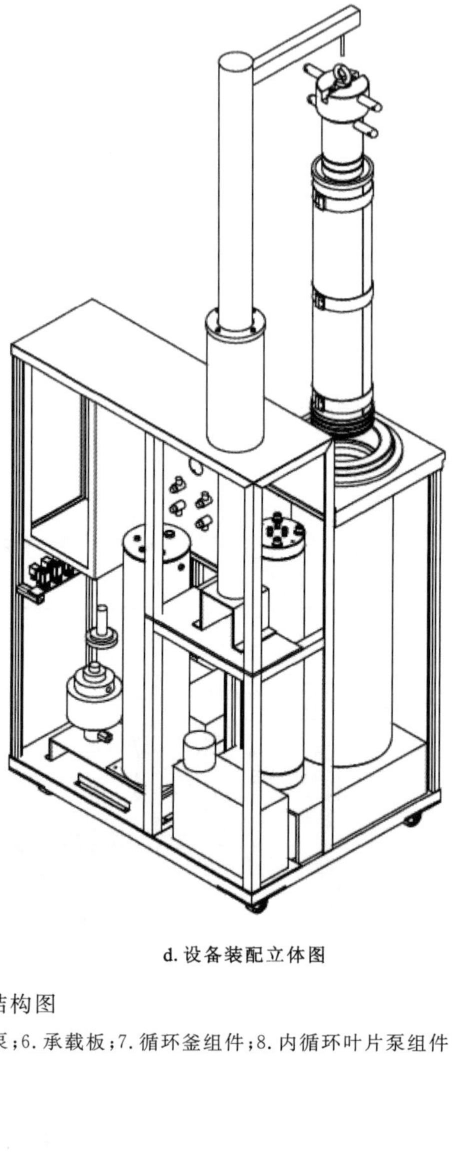

d. 设备装配立体图

图 4-13　设备结构图

1. 控制面板；2. 套管组件；3. 油箱总成；4. 泄压泵总成；5. 高压泵；6. 承载板；7. 循环釜组件；8. 内循环叶片泵组件

2. 性能参数

(1)电源：AC 220V(±10%)50Hz 4.5kW。

(2)最高工作温度：200℃。

(3)最高工作压力：35MPa。

(4)温度控制精度：<±1℃。

(5)压力控制精度：<±0.7MPa。

(6)气源：氮气。

(7)压缩空气:0.5MPa。

(8)体积:1 200mm×700mm×1 400mm。

(9)质量:500kg。

3. 设备解析

设备总成如图 4－14。

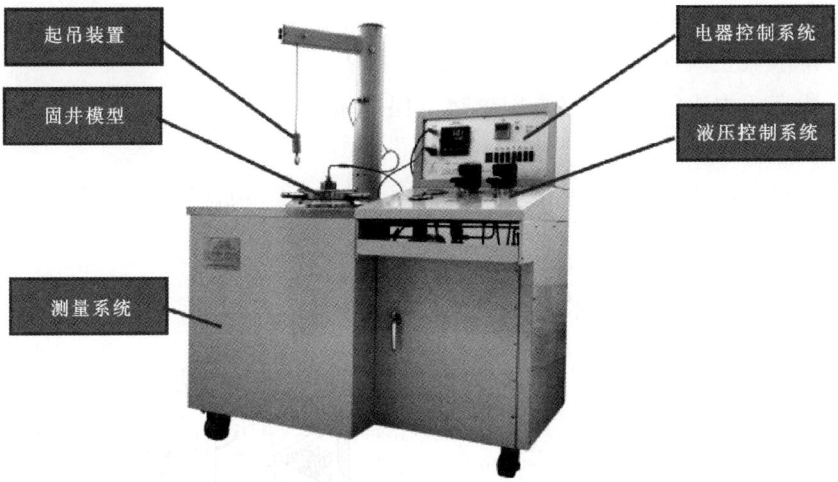

图 4－14　水泥微环隙仪

4. 仪器操作试验流程

1)开机前的检查

(1)清洁现场周围环境,水泥微环隙仪机身不得搁置悬挂任何无用的工具、零件或其他杂物。

(2)关闭氮气源,关闭电气控制系统及液压系统上所有开关与阀门,关闭管线上的排气阀,接通管端口的进水、出水、进气接头。

(3)所有密封胶圈均要涂以黄油润滑。

(4)把装满水泥的固井模型装入加热釜内,旋下上端吊环。

2)开机步骤

(1)确认氮气源已开启,围压截止阀关闭,开启电源开关,然后把电接点压力表调到试验设定压力(高于试验压力 10%)。

(2)关闭排水截止阀,启动进水开关,进水,釜体充满水后,水从热电偶压帽处溢出,拧紧热电偶压帽,做好釜体密封。

(3)按照控制器操作说明设定升温控制程序,运行程序,接通加热开关,釜体开始预热,开启计时器开关,并开启数据采集软件。

(4)打开增压开关，同时调节围压调压阀和围压背压阀，待增压到电接点压力表设定值时，增压泵自动停止增压。

(5)缓慢打开围压截止阀，使围压平稳升高，达到试验设定压力。

(6)2h 后，传感器自动调零。

3)停机步骤

(1)关闭氮气瓶；关闭增压开关，停止设备自动补压；关闭加热开关，退出升温程序；打开冷却开关，设备自动冷却。

(2)冷却结束后，关小围压背压阀，缓慢排除围压压力。

(3)开启排水截止阀，并打开排水开关，排除釜内及管线中的水。

(4)确保所有压力表压力为零后，旋出热电偶压帽，并拆卸釜盖。

(5)取出并拆卸固定模型。

(6)所有被水泥污染的部件，固定模型、管线、釜内腔需清洗干净，螺纹及胶圈处涂黄油后，备用。

五、水泥石腐蚀评价技术

高温高压 H_2S/CO_2 水泥石腐蚀仪通过模拟井下的温度和压力，用 H_2S 气体对固井水泥进行耐腐蚀实验，可以对各种不同的水泥石在不同的温度和压力条件下的抗 H_2S 腐蚀能力进行评价实验，研究各种条件下的水泥石的抗腐蚀能力，为钻井固井工作预防腐蚀、保护套管、分析腐蚀原因提供完整有效的科学依据。本高温高压 H_2S/CO_2 水泥石腐蚀仪主要由湖北创联石油科技有限公司设计制造。

1. 主要技术参数

(1)计算机全自动控制，计算机系统采用联想天逸 510pro 分体台式机，系统采用酷睿 I7－7700CPU，8G 内存，1T 硬盘，配 ThinkVision S22e 21.5 英寸(1 920×1 080)窄边框显示器。配备办公用台式电脑桌。

(2)软件系统要求显示全部参数曲线、温度、压力等。

(3)实验温度最高可达 150℃，误差±1℃，具有自动升温系统，升温速率 0.5～4℃/min 可调，可根据实验需要设定升温速率。

(4)实验压力最高可达 80MPa，误差±0.2MPa，具有自动加压及泄压系统，压力梯度 0.1～2MPa/min 可调，压力跟随升温速率直至设定压力。

(5)能够保障 60d 易损恒温恒压状态，不发生泄漏、温度、压力失控现象。

(6)提供冷却系统，要求从 150℃降至 90℃以下安全可拆卸温度的时间小于 1.5h。

(7)提供泄压保护装置，在设备泄压过程中，不得堵管线，不能到处喷浆。

(8)易损配件，能够自行更换的应随设备配套至少 5 份以上。

(9)设备釜体整体防盐酸、二氧化碳腐蚀，与流体直接接触的部分采用 HC276 材料制作，耐酸、碱、盐腐蚀，无生锈；与环境接触的部分采用 304 不锈钢材料制作，外表喷涂防腐漆，耐湿度腐蚀，外观美观大方；仪器架/箱体配备福马轮，以方便移动。

(10)釜体、釜盖、釜轴、浆杯、杯轴、驱动轴、进气钢管、四通等采用 HC276 材料制作，具有防 H_2S/CO_2 腐蚀性能。

(11)釜体内部可以旋转，通过旋转实现流体均匀，旋转速度 0～600r/min。

(12)随着项目的推进和设备的试制过程，甲方有权对设备的具体技术参数进行更改，具体更改方案以双方沟通协商为准。

2. 仪器流程图

仪器运行流程如图 4－15 所示，实物图如图 4－16 所示。

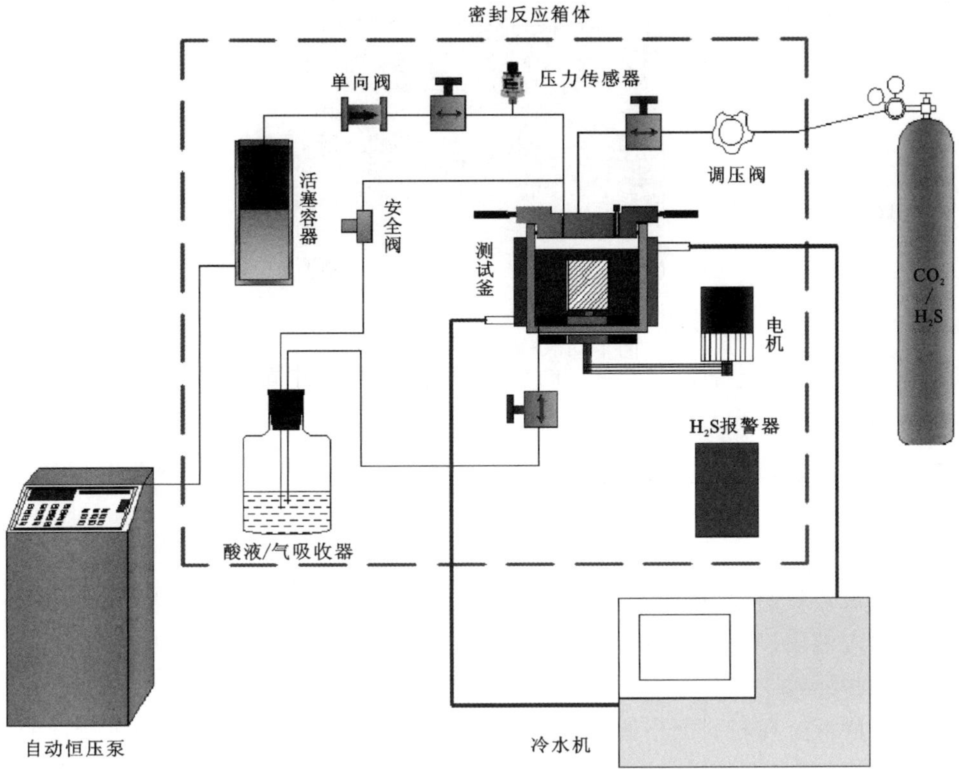

图 4－15　仪器运行流程图

3. 安全防护

1)用电安全

设备采用 TT 系统接线方式接线，设备的金属外壳进行接地保护。

设备配备断电保护电路，当电断了，必须重新突破总电源，仪器才能通电工作。

为了防止电路中某一相功率过大造成相与相之间不平衡，对恒温箱加热器等一些大功率仪器进行了分相处理，达到基本平衡，保持电路系统稳定。220V 和 380V 电路做了先后突破顺序，220V 电路用于仪表等一些小功率用电器，只有等 220V 开启后，380V 电路才能工作。

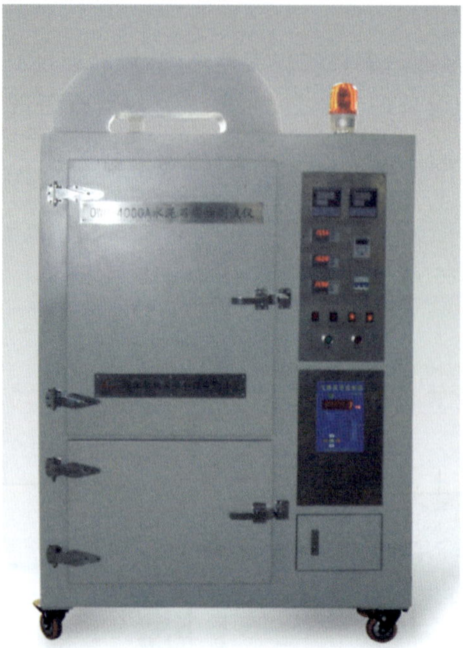

图 4-16　腐蚀评价设备实物图

2)温度保护

配备超温保护器,在系统温度超出设定温度时,系统会立即自动停止当前操作,然后关断加热电源并报警。

3)高温防护

由于实验温度较高,易造成实验人员烫伤,因而在恒温箱等高温部件处设有安全警示标志。当系统温度超出设定温度时,系统会立即自动停止当前操作,然后关断加热电源并报警。

4)高压防护

装置主要润湿金属材料严格按照国家标准《不锈钢棒》(GB 1220—92)进行选购;压力部件严格按照国家标准《钢制压力容器》(GB 150—1998)进行设计、加工及检验。耐压检验包括液压试验和气压试验,液压试验压力为 1.25 倍的设计压力,气压试验压力为 1.15 倍的设计压力;容器及关键压力点均配有相应量程的压力传感器,实时监测各压力测点。可以根据试验需要设定最大压力值,当压力测点接近满量程时,动力元件停止工作,软件界面提示并声音报警;配备进口 HIP 超高压超压溢流阀,当压力超压时,系统自动泄压。

5)剧毒气体防护

配备酸液/酸气吸收系统,中和处理有毒气体;配备密闭反应系统和硫化氢报警器,确保剧毒气体无泄漏和扩散,密封反应系统配备碱液喷淋系统,发生泄漏,自动喷淋碱液,吸收产生的硫化氢。

六、水泥石渗透性能评价技术

水泥石渗透率仪是测量水泥石渗透性能的一种试验仪器，主要用于在实验室条件下，测量水泥石的液相渗透率。本仪器能模拟地层条件下的高温高压环境，所提供的相关参数接近其真实状态。仪器采用称重法计量水泥石出口处的流体的流量，通过压力表读取系统压力、计算水泥石的渗透率。仪器具备流程简单、操作简便等特点。

本水泥石渗透率仪主要由湖北创联石油科技有限公司设计制造。

1. 性能指标

水泥石渗透率仪主要性能指标如表 4－2 所示。

表 4－2　水泥石渗透率仪性能指标

序号	项目	技术指标
1	工作压力	0～50MPa
2	工作温度	室温～160℃
3	流量范围	0.01～9.99mL/min(根据驱替泵可变)
4	围压	60MPa
5	夹持器尺寸	Φ 25mm×150mm，耐压 60MPa
6	水泥石规格	Φ 25mm×(25～90)mm
7	管线防腐	HC276 合金

2. 仪器流程图

水泥石渗透率仪运行流程如图 4－17 所示，图 4－18 为其实物图。

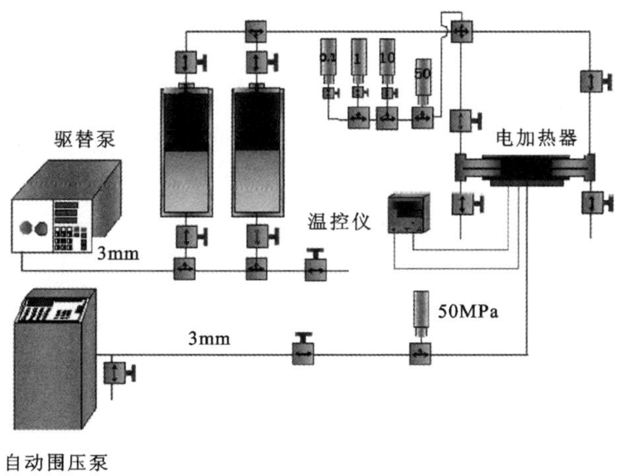

图 4－17　水泥石渗透率仪运行流程图

图 4-18　水泥石渗透率仪实物图

七、水泥石韧弹性评价方法

根据影响水泥环长期耐久性的因素和水泥环实际所处的环境，建立有效的环空水泥石耐久性评价方法是一项比较困难的工作。从目前几个比较大的油田服务公司在该方面所采用的评价方法来看，它们几乎都沿用了美国材料测试学会标准(ASTM)，在具体方法上还未统一。如：在水泥石韧性方面，Total 公司采用 ASTM C190-85、ASTM C496-90、ASTM C384-86 来测定杨氏模量和泊松系数，BJ 公司采用 ASTM C190-85、ASTM C384-86 评价水泥石的韧性，Cementing Solutions INI 公司采用 ASTM C469-94、ASTM C469-96 测定静态水泥石弹性模量和泊松系数。

目前国内还没发现关于这方面内容的报道，国外几个大公司在该方面也未建立一个统一的标准。如何建立有效的环空水泥石耐久性评价方法将是未来需要研究的重要内容，本书将从拉伸强度、抗折强度、抗冲击性能、三轴抗压强度 4 个方面来展开。

1. 拉伸强度

抗拉强度(tensile strength)即试样拉断前承受的最大标称拉应力。对于塑性材料,它表征材料最大均匀塑性变形的抗力,拉伸试样在承受最大拉应力之前,变形是均匀一致的,但超出之后,金属开始出现缩颈现象,即产生集中变形;对于没有或很小均匀塑性变形的脆性材料,它反映了材料的断裂抗力。符号为 RM,单位为 MPa。试样在拉伸过程中,材料经过屈服阶段进入强化阶段后,随着横向截面尺寸明显缩小在拉断时所承受的最大力(F_b),除以试样原横截面积(S_0)所得的应力(σ),称为抗拉强度或者强度极限(σ_b),单位为 N/mm^2(MPa)。它表示金属材料在拉力作用下抵抗破坏的最大能力。计算公式为:

$$\sigma=\frac{F_b}{S_0}$$

式中:F_b 为试样拉断时所承受的最大力,N(牛);S_0 为试样原始横截面积,mm^2。

在测试抗拉强度前应将试样的表面磨平整光滑,因为试样表面较小的突起即会对材料的抗拉强度产生影响。与其他力学性能相比,抗拉强度更易变化并受到试样体积的影响。抗拉强度测试方法包括直接法和间接法两种。其中间接法较为常用,但此法的缺点是分布在试样上的应力不均匀。下面将一一介绍。

直接抗拉强度测试,又叫拉力测试,是相对简单的一种测试。影响实验较为重要的因素包括试样的形状、体积、使用的夹具等。ASTM D638 和 E8 标准中对试样的形状有明确的规定。试样形状如此重要是因为夹具不能破坏试样的完整性,它断裂的位置必须在其"标据长度"处,否则结果不准。在标据长度处试样的直径应该缩小,使得此处的应力最大,这是因为应力应变成反比关系。即下式:

$$\delta=\frac{P}{A}=\frac{\text{Load}}{\text{Area}}$$

直接拉伸测试得到的实验结果为一应力-应变曲线,它典型的实验结果如图 4-19 所示。

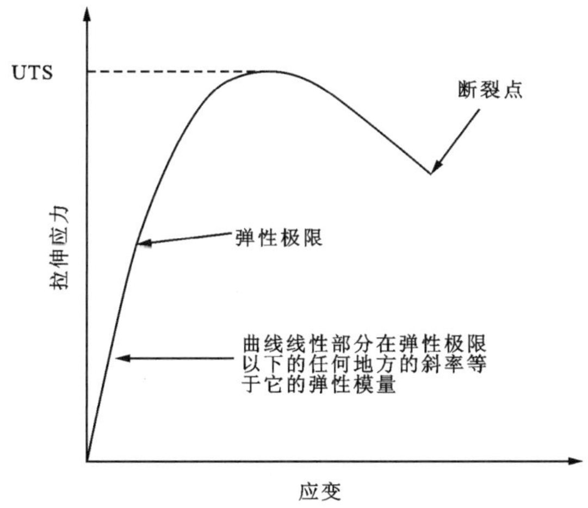

图 4-19　典型的直接拉伸强度测试结果

从图中可以看出，在实验开始阶段，加载在试样上的载荷与试样的延伸率呈线性关系。在这一段内，应力与应变遵守胡克定律，即力与形变的比值为一常数，就是图中线性段的斜率。这一斜率又被称为杨氏模量或弹性模量。图中标有 UTS 一点为最终强度，超过了此强度，则材料开始断裂。

间接拉伸强度测试，是间接测量抗拉强度的方法，通过此法可计算出材料的抗拉强度。如图 4－20 所示，在测试时试样的长径比约为 2～2.5，试验时将试样放置于抗压强度测试仪器上，并用圆盘形夹具夹好。劈裂拉伸强度根据试样破裂时的最大载荷进行计算。此方法的优点是它十分方便快捷，且与直接法得到的结果十分接近。但在做此实验时，应考虑对抗拉强度测试结果有影响的一系列因素。

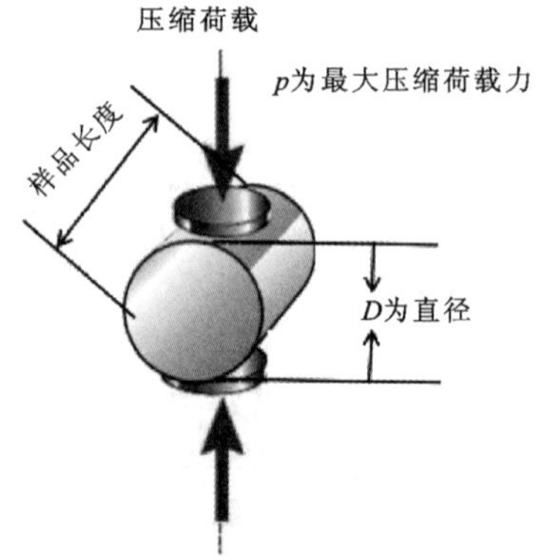

图 4－20　间接拉伸强度测试图解

间接拉伸强度可以按照下式进行计算：

$$\sigma_T=\frac{2p}{\pi LD}$$

式中：p 为材料所能承受的最大压力；L、D 分别为试样的长度及直径。

间接拉伸测试所得到的实验结果为一强度值，即材料的间接拉伸强度，根据上式计算，为了更好地说明间接拉伸强度的测试结果，现用图 4－21 说明。

图 4－21 中，a 为圆柱体试样在两圆盘之间受到径向压应力；b 为间接拉伸测试的典型碎裂结果；c 为圆柱体试样受到夹角为 a 的两个不规则压力的情况；d 展示了实验过程中试样上的应力分布。从图中可以看出最大与最小主应力均沿轴向对称分布，最大主应力在圆周方向上达到最大，最小主应力则沿横向缓慢变化。

现采用 OWC－1011 型水泥石材料力学性能测试仪进行水泥试样的抗拉强度测试，属于上述两种方法中的直接拉伸强度测试，测试中用来养护相应的水泥石试样的模具及实验时所用的夹具如图 4－22 和图 4－23 所示，按照 ASTM 相关标准加工；水泥试样的养护按照 API 相关标准进行；测试步骤按照 ASTM 标准进行(图 4－24)。

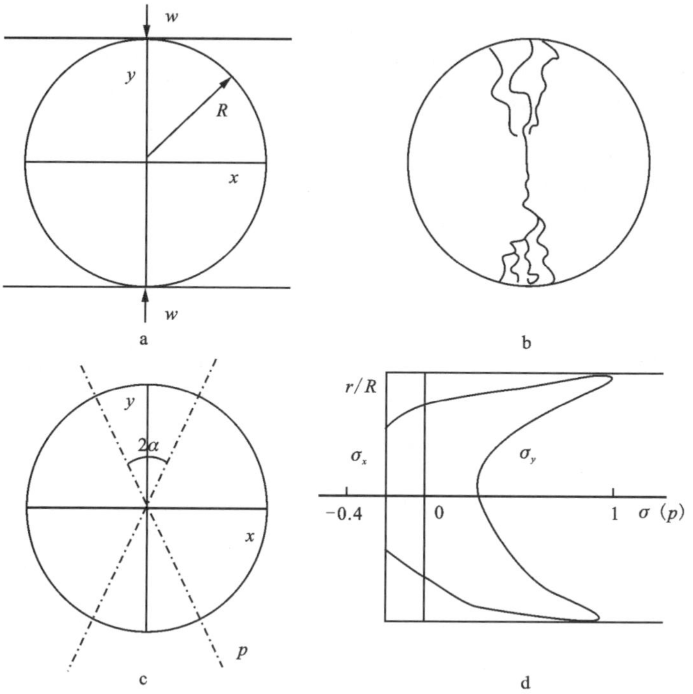

图 4－21　间接拉伸测试原理图

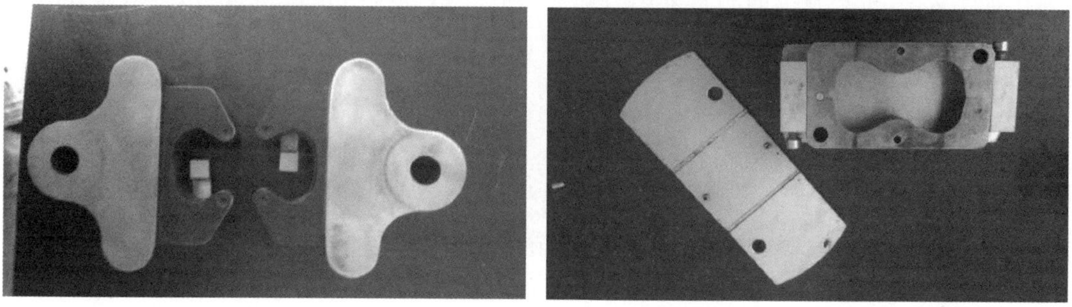

图 4－22　抗拉强度养护模具

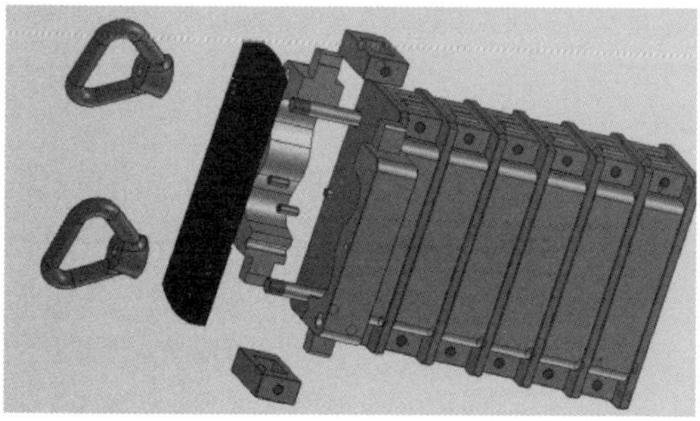

图 4－23　实验夹具

图 4－24　实验进行时的示意图

2. 抗折强度

抗折强度是材料单位面积承受弯矩时的极限折断应力，又称抗弯强度、断裂模量。用破坏弯曲力矩(N·m)与折断处的截面阻力矩(cm^3)之比值表示，单位为 Pa。

在水泥石中，一般认为 C_3S 水化快，在水化过程中产生层状和凝胶状 $Ca(OH)_2$，对水泥水化初始形成的纤维状和片状骨架空隙起填充密实作用。它是强度骨干，而且耐磨性好，干缩性小。但从 3d 到 28d，水泥抗折强度的增进率随 C_3S 含量的增加而减小，而抗压强度的增进率却明显增大，这就说明水泥石的脆性增大，抗裂性变差。此外，C_3S 的水化放热量及放热速率都较大，仅次于 C_3A，这对大体积混凝土的施工是不利的。

C_2S 水化速度特别慢，约为 C_3S 的 1/20。C_2S 的最大优点是水化热低，抗水性好，后期强度高，在 1 年之后强度可赶上 C_3S。此外，C_2S 的干缩性最小，水化 28d 后的收缩值约为 C_3S 的 1/4。也有人认为 C_2S 在水化早期对水泥石抗折强度的贡献大于抗压强度，它是低需水性水泥的主要矿物。

长久以来普遍认为 C_4AF 的耐磨性好。据南京化工大学的试验数据，水泥中每增加 1% C_4AF，磨损系数减小 0.014%～0.033%，由此应当肯定 C_4AF 在水泥石耐磨性上所起的作用远比 C_3S 显著。此外，C_4AF 与 C_3A 相比，不仅有较高的早期强度，而且后期强度还能有所增长，C_4AF 对抗折强度的贡献远大于抗压强度，即脆性系数特别低。C_4AF 的另一个重要作用是生成凝胶状铁酸盐，使水泥石具有较大的变形能力。但是 C_4AF 过高，给熟料的煅烧和水泥粉磨造成很大的困难。

在实验室中，抗折强度的测量采用万能实验机或电动抗折试验机进行，当测定在万能试验机上进行时，水泥混凝土抗折强度是以 150mm×150mm×550mm 的梁形试件，在标准养护条件下达到规定龄期后(28d)，在净跨 450mm、双支点荷载作用下的弯拉破坏。它的计算公式如下：

$$P=\frac{3FL}{2bh^2}$$

式中：F 为极限荷载，N；L 为支座间距离，$L=450$mm；b 为试件宽度，mm；h 为试件高度，mm。

只有当断面发生在两个加荷点之间时，才能计算抗折强度，否则结果无效。图 4-25 为常用三点抗折强度测定仪器的原理及实物图示。

此外，还有文献提及在电动抗折试验机上进行抗折强度的测试，它的实物如图 4-26 所示。

它的计算方式与万能试验机上基本相同，经过精简后得到的计算公式为：

$$R_f=117B$$

式中：B 为砝码到支架处的力臂长度。

现采用 OWC-1011 型水泥石材料力学性能测试仪进行水泥石抗折强度的测试与计算，实验原理与万能试验机一致，在实验中用到的养护模具与夹具如图 4-27 所示。

通过 OWC-1011 型水泥石材料力学性能测试仪进行抗折强度测试的典型实验，结果如图 4-28 所示。

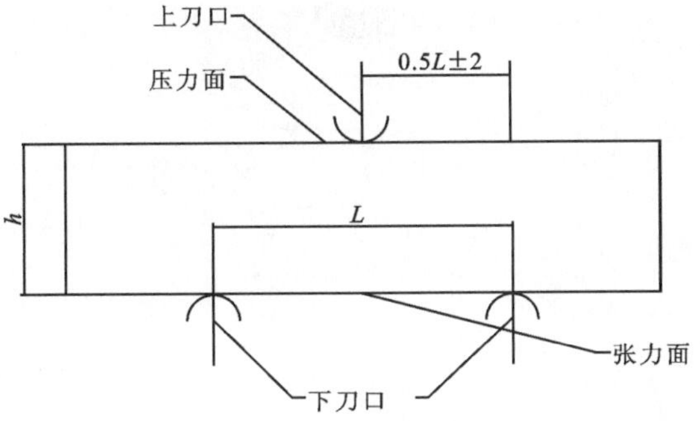

a. 万能试验机抗折强度测试原理

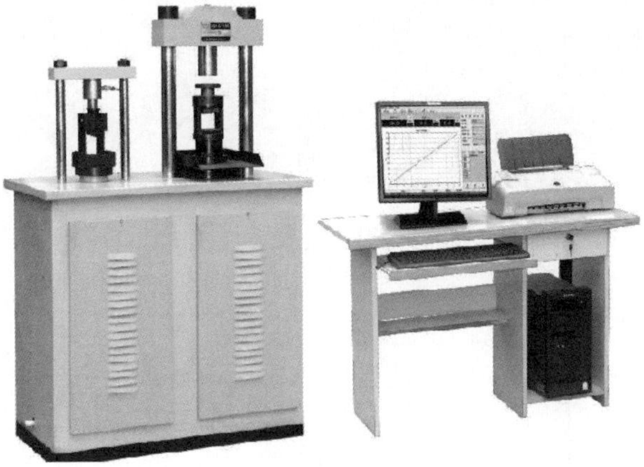

b. 万能试验机实物图示

图 4-25 万能试验机抗折强度测试原理及实物图示

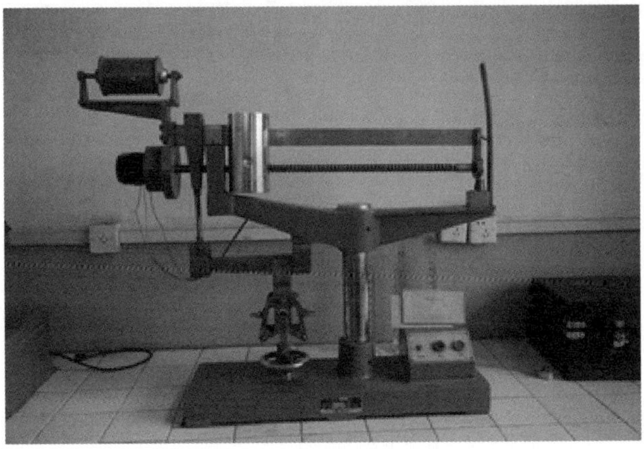

图 4-26 电动抗折试验机

图 4-27　抗折强度养护模具、实验夹具及实验进行时的示意图

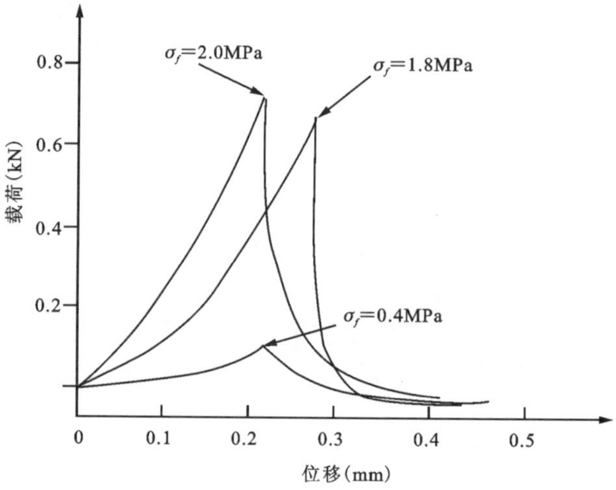

图 4-28　典型的抗折实验曲线

3. 抗冲击性能

抗冲击性是指材料抗冲击破坏的能力。在很短时间内以较高速度作用于零件上的载荷，称冲击载荷。由冲击载荷作用而产生的应力称冲击应力。由于冲击时间极短，加上物体接触变形等因素影响，冲击强度计算不易准确。

冲击强度用于评价材料的抗冲击能力或判断材料的脆性和韧性程度，因此冲击强度也称冲击韧性。计算方式为试样在冲击破坏过程中所吸收的能量与原始横截面积之比。它的测量标准主要为《涂层性能评价标准》(GB/T 1943—2007)及《塑料冲击试验方法》(ASTM D 256—1997),其中,国标测试的是试件在一次冲击试验时,单位横截面积(m^2)上所消耗的冲击功(J)。而 ASTM D 256—1997 则反映了材料抵抗裂纹扩展和抗脆断的能力,即单位宽度所消耗的功。它的计算公式分别为:

$$\text{GB}: a=\frac{W}{h \cdot d}, \text{单位为 MJ/m}^2$$

$$\text{ASTM}: a=\frac{W}{d}, \text{单位为 J/m}$$

式中:a 为冲击强度;W 为冲击损失能量;h 为缺口剩余宽度;d 为样条厚度。

测量时,根据采用标准的不同,得到的数值也不同,它的经验公式为:

$$a_{\text{ASTM}}=1.6a_{\text{GB}}$$

也可以由实际测量来总结比值。

冲击载荷在零件中产生的冲击应力除与零件的形状、体积和局部弹塑性变形等有关外,还同与其相连接的物体有关。如与零件相连接的物体是绝对刚体,则冲击能全部为该零件所承受;如与零件相连接的物体刚度为某一值,则冲击能为整个体系所承担,该零件只承受冲击能的一部分。此外,冲击应力的大小,还取决于冲击能量的大小。因此,冲击载荷作用下的强度计算,比静载荷作用下的强度计算复杂得多。

实际工作中的机械零件和构件,多数是承受冲击能量较小、冲击次数较多的小能量多次冲击载荷。它们的破坏是多次冲击损伤积累导致裂纹形成和扩展的结果。材料一次冲击的破坏抗力,主要由冲击韧性来决定;但冲击次数较多的抗力,主要由材料的疲劳强度来决定。在这两者之间,当达到破坏的冲击次数增加时,冲击韧性的影响减小而疲劳强度的影响增加。根据对钢试样进行多次冲击的试验结果可得出结论:冲击韧性影响范围在 100～1 000次以下,把多次冲击试验的数据应用于实际的零部件设计中,需要解决试样与实物的多次冲击强度的模拟问题,例如尺寸的大小、形状的改变、材料性能的变化等。在近似计算中,可用下述方法处理:当冲击次数小于 1 000 次时,用一次冲击的方法计算强度;当冲击次数大于1 000次时,用相似于疲劳的方法计算强度。

冲击强度测试仪器分为简支梁冲击强度测试仪与悬臂梁冲击测试仪,如图 4 - 29 所示。

简支梁与悬臂梁之间的区别在于:简支梁的两端搭在两个支撑物上,梁端和支撑物铰接,支撑物只能给梁端提供水平和竖直方向的约束,不能提供转动约束的梁。现实看是只有两端支撑在柱子上的梁,主要承受正弯矩,一般为静定结构。体系温变、混凝土收缩徐变、张拉预应力、支座移动等都不会在梁中产生附加内力,受力简单,简支梁为力学简化模型。而悬臂梁的一端为不产生轴向、垂直位移和转动的固定支座,另一端为自由端(可以产生平行于轴向力和垂直于轴向力)。它是在工程力学受力分析中比较典型的简化模型。在实际工程分析中,大部分实际工程受力部件都可以简化为悬臂梁。

此外,还有落锤式抗冲击性能测试仪,如图 4 - 30 所示。

本书采用 XJJX - 50 型简支梁冲击强度测试仪(河北承德世鹏检测仪器公司)进行水泥石冲击强度的测试,仪器形貌如图 4 - 31 所示。

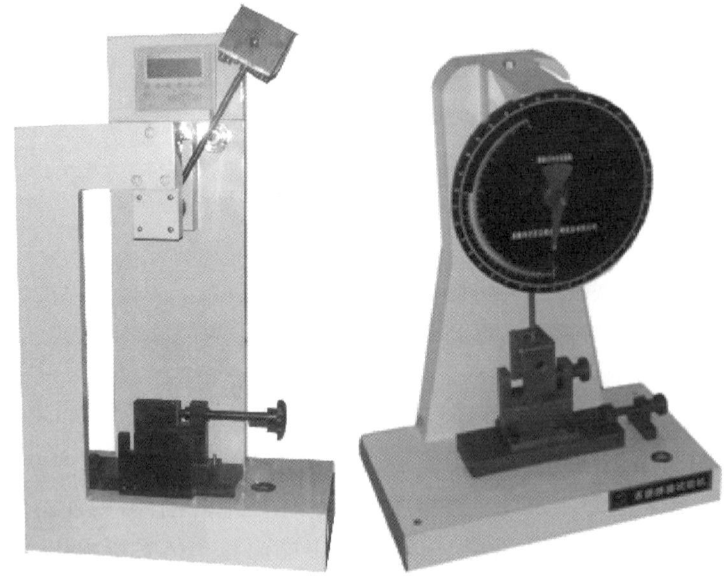

图 4-29　简支梁与悬臂梁抗冲击测试仪示意图

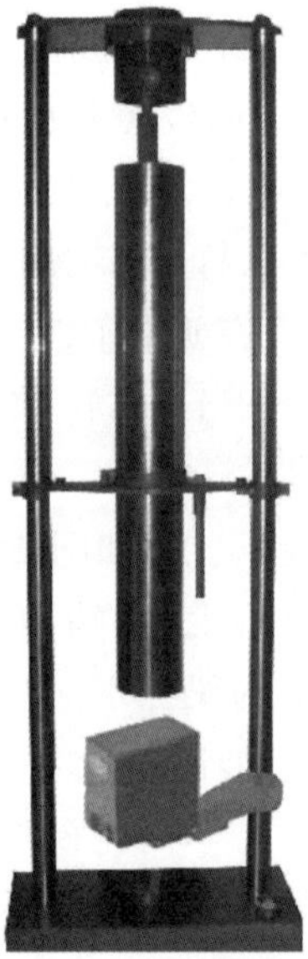

图 4-30　落锤式抗冲击性能测试仪

图 4-31　XJJX-50 型简支梁冲击强度测试仪

进行实验所需的水泥石试样规格为 10mm×15mm×130mm，如图 4-32 所示。实验进行时的示意图如图 4-33 所示。

图 4-32　养护好待测的水泥石样品

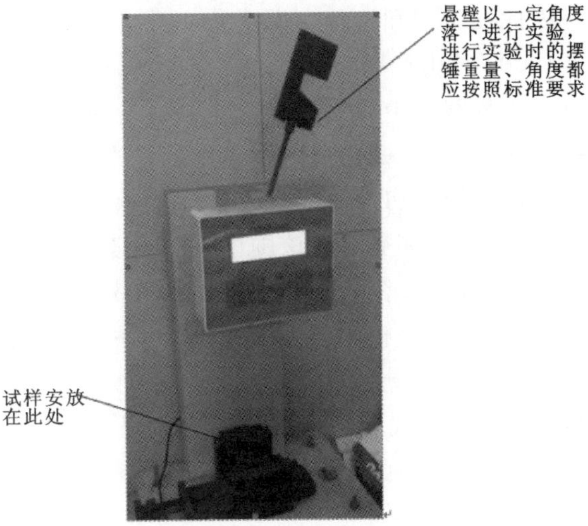

图 4-33　抗冲击性能测试实验图示

通过内置软件即可计算得到冲击强度，如图 4-34 所示。

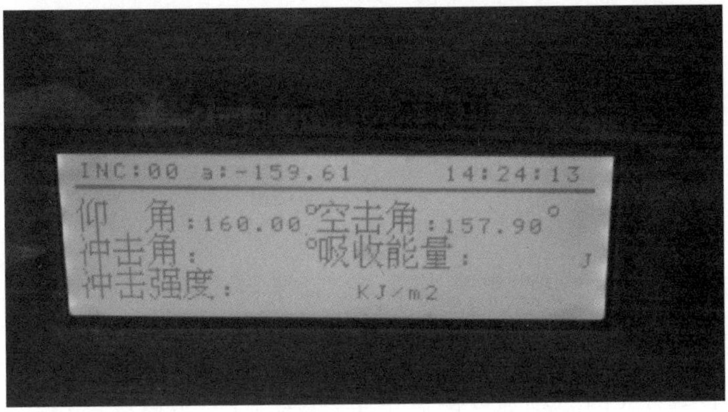

图 4-34　XJJX-50 型简支梁抗冲击测试仪内置软件界面

4. 三轴抗压强度

三轴抗压强度是岩石力学中经常测定的参数，它的实质是对处于三向受压环境中的地壳岩体的力学性状的一种模拟。相对于其他一些所谓的常规实验，三轴实验属较复杂的高级实验，它可以获取相应于岩体不同围压（或深度）的抗压强度、抗剪强度、弹性模量、泊松比以及准确的凝聚力和内摩擦角等数据。若使用三轴侍服压力机，还能得到应力-应变（$\sigma-\varepsilon$）的全程曲线，进而获得岩石的残余应力、永久变形数据等。由于水泥石在井下的实际受力情况与地下岩石极其相似，因此，三轴抗压强度与单轴抗压强度相比，更能够反映水泥石的实际受力情况，具有很好的现实意义。故在此进行简要叙述。

在诸多强度理论中，摩尔强度理论比较适用于拉伸与压缩强度不相等的岩石之类的脆性物质。因此在工程和岩石力学实验中被广泛应用。通常在岩石实验中把摩尔强度称为三轴强度。1900 年，由德国工程师摩尔(Mohr)创立的强度理论，被后人称为摩尔强度理论。以广州某重大工程基底中风化泥质粉砂岩的三轴强度包络线图(图 4－35)为例，对摩尔强度理论的一些具体内容作一简述：图中横坐标 σ 为正应力、纵坐标 τ 为剪应力。曲线 CAB 为强度包络线。与包络线相切的每个应力圆均表示一种围压下的极限应力状态。圆与横坐标的左侧交点为围压 σ_3，右侧交点为该围压下的抗压强度 $\sigma_c(\sigma_1)$。过切点的半径与横坐标正方向的夹角为 2 倍破裂角，破裂角定义为破裂面法线与主应力 σ_1 方向所夹的锐角。本书称此为理论破裂角 θ。切点的纵坐标为该圆所在围压下的抗剪强度 τ_c，亦即破裂面上的剪应力 τ，横坐标为破裂面上的正应力 σ_n。包络线与纵坐标的交点为凝聚力 c，直线 CA 与横坐标所夹的锐角为内摩擦角 Φ。包络线下部是不会发生破裂的、稳定的应力状态区域，上部为不可能存在的应力状态区域。

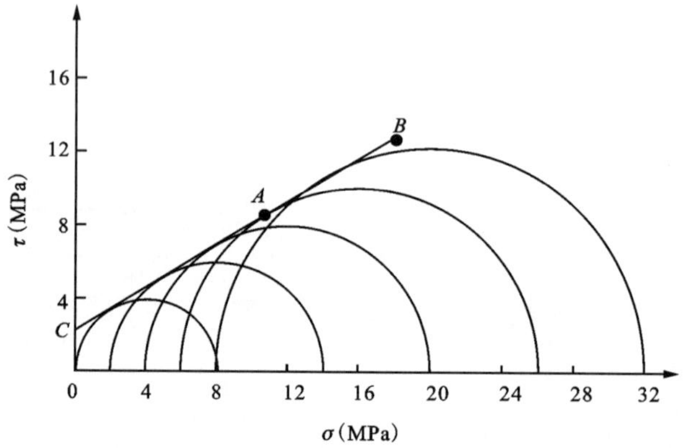

图 4－35　中风化泥质粉砂岩的三轴强度包络线
(以广州某工程为例)

表 4－3 是与上图有关的三轴强度测试结果，结合上图，可以看出：

表 4－3　中风化泥质粉砂岩的三轴试验数据

围压 σ_3(MPa)	抗压强度 σ_c(MPa)	抗剪强度 τ_c(MPa)	凝聚力 c 和内摩擦角 Φ			破裂角(°)	
			c(MPa)	Φ(°)	适用范围(MPa)	实际	理论
0	7.7	3.3	2.2	30.5	$0\leqslant\sigma_3\leqslant5.2$	90	90
2	13.9	5.2				60	60
4	20.1	6.8				55	60
6	25.7	9.1				60	56
8	29.6	10.3				60	54

随着围压的增加，岩石的抗压、抗剪强度不断增大。在低围压[如图 4-35 的 CA 段($0 \leqslant \sigma_3 \leqslant 5.2MPa$)]时，$\sigma_3$ 与 σ_c、τ_c 的关系近似呈线性。$\Delta\tau/\Delta\sigma$ 为常数，τ 与 σ_n 的关系式为：

$$\tau = c + \sigma_n \mathrm{tg}\Phi$$

式中：凝聚力 c 为 $\sigma_n = 0$ 时的极限剪应力，$\Phi = \mathrm{tg}-1(\Delta\tau/\Delta\sigma)$。

当围压超过某一值后(图 4-35 的 A 点后，$\sigma_3 > 5.2MPa$)，σ_3 与 σ_c、τ_c 不再呈线性关系，$\Delta\tau/\Delta\sigma$ 随 σ_3 的增大而逐渐变小，至更高围压后，$\Delta\tau/\Delta\sigma$ 将趋于 0，τ_c、$\sigma_c - \sigma_3$ 将趋于某一常数。

围压为 0 的强度即为单轴强度，是强度的极小值。

在实际应用中，我们更习惯于将一些物理指标与岩体的深度相关联，因此常将围压换算成对应的深度。可视岩体为弹性体，用广义虎克定理，经简单地推导并代入岩石的力学、物理参数，便可算得。

三轴抗压强度测试对于水泥石在井底的实际受力拟合得更为贴近，对于固井行业了解井下情况，改善作业水泥配方有积极作用。本项目中，也针对增韧后的水泥石进行了三轴抗压强度的测试，经过对各大院校的考察，选定了华北科技学院的 TAW2000 型微机控制岩石三轴试验机(长春市朝阳实验仪器有限公司)进行相关实验。仪器如图 4-36 所示。

进行测试的水泥石试样规格为 Φ 25mm×50mm。可利用取芯机进行取芯。试样应该上下平整，以确保实验结果的准确，如图 4-37 所示。

图 4-36　TAW2000 型微机控制岩石三轴试验机

图 4-37　进行三周测试的水泥石试样图示

实验进行时的界面如图 4－38 所示。

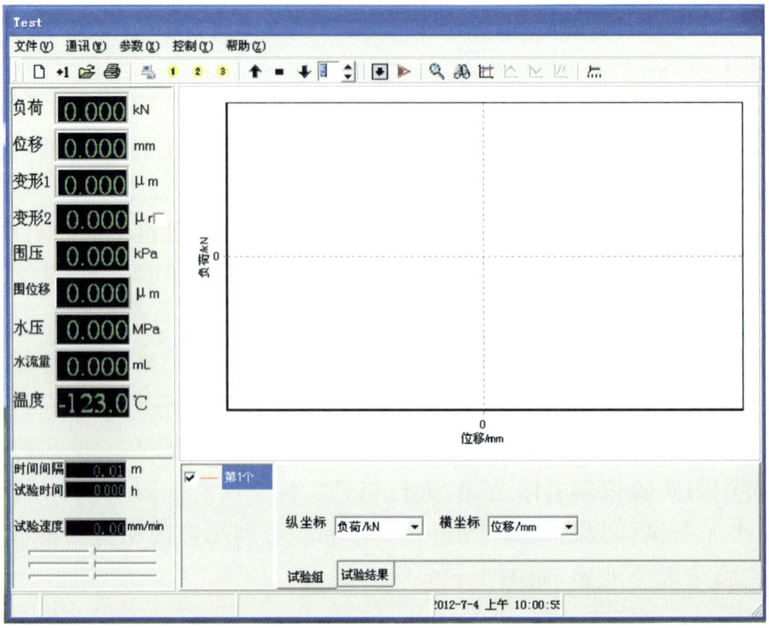

图 4－38　三轴测试软件界面——初始界面

典型的水泥石三轴抗压强度测试结果如图 4－39 所示。

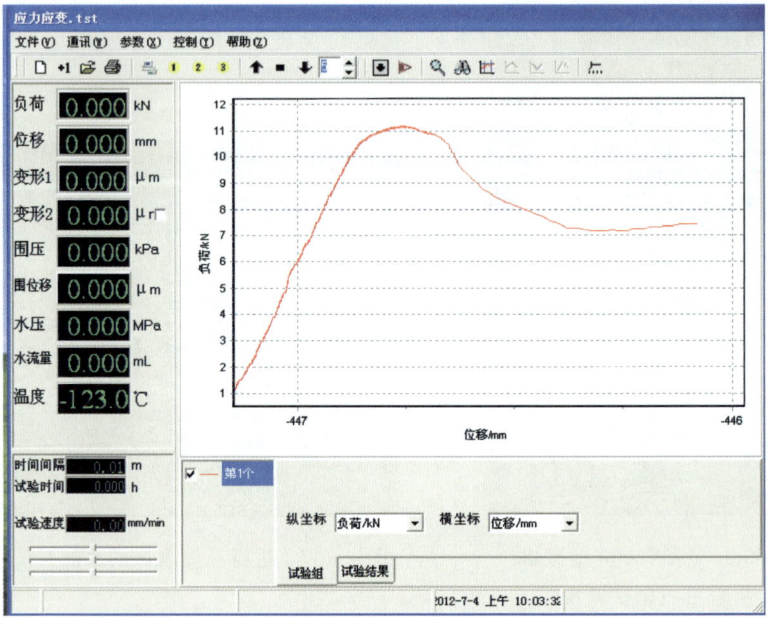

图 4－39　水泥石三轴抗压强度测试典型结果

八、水泥石自修复评价技术

中海油田服务股份有限公司符军放研究团队自创了一套水泥石自修复评价技术，室内及现场应用效果良好，主要试验方法如下：

1. 水泥石裂缝模拟

在室内摸索的基础上，总结水泥石人工造缝过程如下：

(1)首先根据选定配方配置水泥浆，并将水泥浆按操作标准倒入模块，将模块放入75℃水浴养护箱养护24h。

(2)将养护过的水泥石块从模块中取出，放在取芯机上取芯，所取水泥石芯尺寸为Φ 2.54mm×5mm水泥石圆柱体。

(3)将水泥石芯上、下两个端面用砂布磨平，避免端面棱角破坏岩芯夹释器。

(4)用锯条分别在水泥石芯上、下两端面过中心线锯一深1mm左右的凹槽，并将直径为2mm左右直的钢条放入凹槽中。

(5)将水泥石芯和两个端面上的两根钢条放在压力机的中心部位，手动控制压力机慢慢加载。待钢条将水泥石柱压开裂缝上下贯通时，立刻停止并复位压力机。

(6)取出水泥石芯，拿下钢条，检查水泥石芯裂缝的贯通性。测量水泥石芯裂缝宽度为0.1～0.25mm。整个过程如图4-40所示。

图4-40　水泥石裂缝模拟示意图

2. 水泥石自修复评价设备

固井水泥石自修复评价装置是由酸化驱替设备改造获得，所做改造如下：

(1)配套管线/阀门的更换。

(2)尾气流量测量装置的安装。

(3)尾气处理装置的安装。

(4)试验条件的摸索。

从而使固井水泥环自修复评价设备具有：

(1)水泥石对油/天然气两种流体的自修复能力评价。

(2)最高工作油/气压差不小于 7MPa。

(3)最高工作温度不小于 150℃。

通过改造获得的固井水泥环自修复评价装置已经满足试验要求,达到合同要求指标。固井水泥环自修复评价设备如图 4-41 所示。

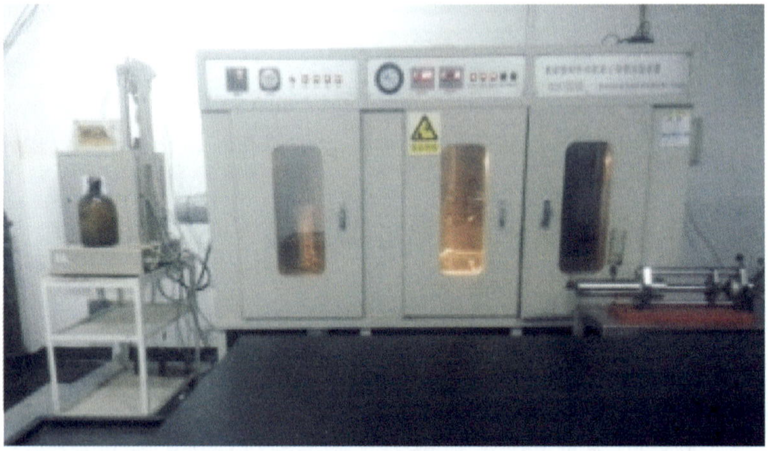

图 4-41　固井水泥环自修复评价装置

3. 水泥石自修复评价试验流程

固井水泥石自修复评价流程如图 4-42 所示。

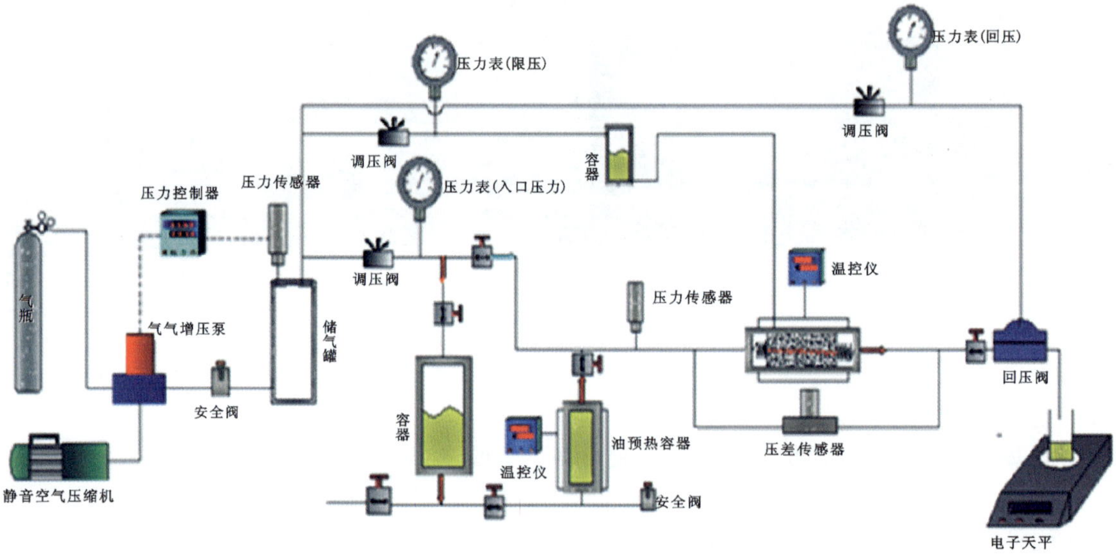

图 4-42　固井水泥石自修复评价流程图

(1)试验前准备好带裂缝的水泥石芯。水泥石芯尺寸为 Φ 2.54mm×5mm,裂缝尺寸为 0.1~0.25mm。

(2)试验开始首先打开电源开关，检查各仪表处于正常待命状态。将管路阀门倒到正确位置，检查管路畅通性。

(3)打开电脑程序采集系统，设定相关参数，检查信号传送是否正常。

(4)将准备好的带裂缝水泥石柱放入流程图中的岩芯夹释器中，注意带裂缝的水泥石芯端面要用砂布打磨光滑，避免划坏岩芯夹释器，加围压到指定压力。

(5)待评价装置中间容器内流体升到指定温度后，打开恒流泵使油(煤油)按一定流量从水泥石芯裂缝流过。

(6)运行电脑采集程序，记录带裂缝的水泥石芯前后压差随时间变化曲线。

九、冲洗液清洗效率评价方法

清洗液是属于固井前置液，用在固井注水泥之前，主要是用于清洗井壁油污和胶凝钻井液，改善固井二界面亲水性能，提高二界面与水泥环的胶结强度，最初采用清水作为冲洗液，但随着钻井液体系的发展，对冲洗液性能的要求不断提高，清水已无法满足要求。国内外对于冲洗液对界面冲洗效率的评价方法和手段还没有一个统一确切的标准，一般都是依据不同的情况进行简单的评价，现在也有人设计了小型模拟装置及小型有机玻璃制模拟冲洗装置，进行井下轴向冲洗模拟试验，还有人利用大型模拟井筒装置，进行地面模拟井下条件试验。但是以上实验评价方法复杂，而且很多实验仪器都是由作者自主研究开发，其他人很难去实现其实验目的。

通过实验室常规的 API 标准仪器，就可以很好地模拟泥饼在井下被冲洗的过程，并对不同种类的清洗液做出横向比较。整个实验过程简单易操作，且任何人在实验室都能实现模拟井下泥饼被冲刷的实验效果并计算出清洗液的冲洗效率。

1.实验仪器、方法及工作原理

1)实验仪器

高温高压滤失仪、高压氮气瓶、六速旋转黏度计、称量电子秤、滤纸、橡皮筋。

2)实验方法

冲洗效率评价主要由以下 7 个步骤组成：①制备泥饼。使用高温高压滤失筒，底部垫上 API 标准滤纸，在 3.5MPa/30min 环境下制得泥饼；②取出泥饼。倒出剩余泥浆并取出带泥饼的滤纸，使用橡皮筋捆绑在六速旋转黏度计的圆筒上面；③称取泥饼原始质量。用捆绑后的总重减去圆筒净重及滤纸和橡皮筋的质量，可求得泥饼的净重；④制备冲洗液。使用海水或淡水按照规定制备冲洗液；⑤冲刷称重。使用六速旋转黏度计 600r/min(或 300r/min)的转速对滤纸上的泥饼进行冲刷，冲刷 3min 后晾干 10min，待圆筒上的水分晾干称重；⑥计算冲洗 3min 的冲洗效率。依据冲洗效率计算方法得出冲洗 3min 的冲洗效率；⑦计算冲洗 7min 和 10min 的冲洗效率。重复步骤⑤和⑥，将冲洗时间继续延长至 7min 和 10min，计算其冲刷效率。

3)工作原理

实验时将不同类型的泥浆放入高温高压滤失仪中，最高温度可以做到 150℃，压差由氮气瓶提供，最高可以做到15MPa，泥浆在一定温度和压差环境下形成泥饼。六速旋转黏度计模拟井筒内泥饼受冲刷的环境，可以使用不同的转速代表现场泵送冲洗液的泵速，也可实现不同流态下的冲洗模拟。可以控制转速大小及冲洗时间，通过冲刷前后井筒内泥饼的质量的多少来计算不同种冲洗液的冲洗效率。

清洗液冲洗效率计算方法：

$$冲洗效率\ \eta=(W_1-W_2)/(W_1-W_0)\times 100\%$$

式中：W_0 为净滤纸质量；W_1 为未冲洗前含滤纸的泥饼总质量；W_2 为冲洗后含滤纸的泥饼总质量。

2. 清洗液冲洗效率评价实验

各冲洗液冲洗效果如图4-43和图4-44所示。

(a)冲洗3min，冲洗效率为8.9%　　(b)冲洗10min，冲洗效率为15.8%

图4-43　A型冲洗液冲洗HEM泥饼效果图

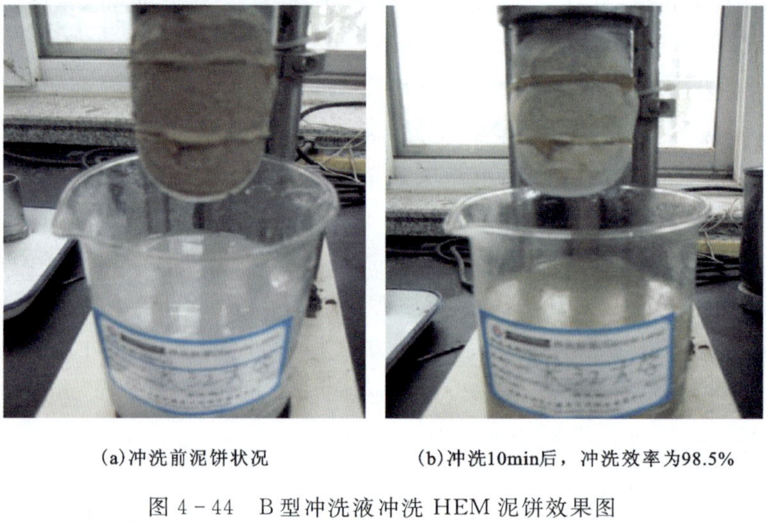

(a)冲洗前泥饼状况　　(b)冲洗10min后，冲洗效率为98.5%

图4-44　B型冲洗液冲洗HEM泥饼效果图

第三节　水泥浆储层伤害评价方法

固井作业中，在钻井液和水泥浆有效液柱压力与油气层孔隙压力之间产生的压差作用下，水泥浆通过井壁被破坏的泥饼而进入油气层，对油气层产生损害。固井水泥浆对储层造成的损害，主要体现在水泥浆中的固化颗粒对储层堵塞造成的伤害、水泥浆滤液与储层岩石配伍性差造成的伤害以及水泥浆滤液和地层流体的配伍性差造成的伤害。

一、水泥浆对储层伤害研究现状

在国内研究中，巢贵业(2007)通过对大牛地气田进行保护储层的固井技术研究认为，水泥浆污染储层的机理为：由于水泥浆的滤液为碱性(pH 值约为 11.3～13.2)，而储层具有中—强碱敏性，当它和黏土矿物接触时，滤液中的 OH^- 会增大黏土矿物的解理，释放出细颗粒粒子，它与水泥浆中的微细胶体颗粒在压差作用下堵塞储层孔喉，同时水泥浆滤液容易与地层水结合，形成水幕和水障从而降低储层的渗透率；水泥浆滤液容易与地层水中的 Ca^{2+}、CO_3^{2-}、SO_4^{2-} 等离子在地层孔隙中发生反应形成 $CaSO_4$ 和 $CaCO_3$ 沉淀，降低储层的孔隙度，影响储层渗透率；为了提高水泥浆的流变性而加入的大量减阻剂、稀释表面活性剂会使泥饼松软、稀化，从而增大污染半径。

王冰茜(2017)通过对大庆油田 B 区块的固井过程中的油层保护策略研究认为，水泥浆颗粒不能对油层造成进一步的伤害。室内实验表明，对于 G 级水泥，小于 3 μm 的颗粒只占 2%左右，而低渗透油层的平均喉道直径为 0.3～0.8 μm，最大的也小于 2 μm，根据桥堵规律，水泥浆颗粒不能进入油层的内部而造成喉道堵塞。水泥浆的滤液对油层造成较大的伤害。一般情况下，水泥浆的液柱压力大，井底压差大，另外，水泥浆的滤失量大，水泥浆与地层流体的不配伍性是造成油层伤害的主要原因。室内实验表明，水泥浆滤液对油层的伤害率在 30%～50%之间。

顾军(2006)通过对非渗透性低失水水泥浆保护储层的机理研究认为，固井作业时间虽短，但固井压差却很大(一般为 6～12MPa，大的超过 20MPa)，而且水泥原浆失水量是钻井液滤失量(一般为 5～10mL)的几百倍。水泥浆滤液进入储层不仅会造成与钻井液类似的各种损害，还会因高 pH 值条件下大量过饱和无机物离子与地层水作用产生大量结晶物和沉淀物。

许明标(2017)研究认为，水泥浆对储层的损害不仅与水泥浆滤液组成有关，还与水泥浆侵入范围有较大关系。水泥浆滤液对储层的影响主要有以下 3 个方面：①水泥浆滤液的 pH 值(>12)和二价阳离子质量分数高。高 pH 值会使黏土和粉砂变得松散而进入孔喉中，导致储层损害，而二价阳离子(主要是 Ca^{2+}、Mg^{2+})质量分数高，又会阻止粉砂运移，将其“胶结”在孔隙中。②高 pH 值滤液和石英颗粒之间的化学反应导致 $CaSiO_4$ 水合物的析出，对储层造成影响。③不可溶盐的析出对储层造成损害。

刘安(2016)通过对固井作业油气层损害机理及其保护技术的研究认为，水泥浆对油气层的损害主要为：①水泥浆固相颗粒堵塞油气层，水泥浆固相颗粒侵入深度约为 2cm。但如果固井中发生井漏，水泥浆中固相颗粒就有可能进入油气层深部，造成严重损害。②水泥浆滤液与油气层岩石和流体作用引起的损害。OH^- 会诱发碱敏矿物分散运移，滤液中的离子还可能与地层流体作用形成无机垢，滤液还会发生水相圈闭损害与乳化堵塞，滤液中所含表面活性物质可能是岩石发生润湿反转等，这些作用都会使油气层受到损害。③水泥浆中无机盐结晶沉淀对油气层造成损害，从而堵塞孔喉，降低储层渗透率。

郭小阳等(1996)通过水泥浆对地层损害的研究认为，水泥浆对油气层损害有如下特点：①水泥浆中，粒径为 5～30 μm 的颗粒约占 15%，而砂岩层的孔径，一般为 30～100 μm，因此水泥颗粒有可能进入地层，水泥因凝结堵塞孔隙或喉道，造成油、气层的永久堵塞；②水泥浆的失水量比泥浆大数十倍，并含有各种离子，碱性较高的滤液(pH 为 11.5～13)进入地层，加速了黏土矿物的解理和形成毛细管阻力，降低了油气层的渗透率；③水泥浆滤液中，有较多的 Ca^{2+}、Fe^{2+}、Mg^{2+}、OH^{-}、CO_3^{2+} 和 SO_4^{2+}，离子一旦进入地层，在一定条件下，将结晶析出或沉淀出 $Ca(OH)_2$、$CaSO_4$ 和 $CaCO_3$，这些结晶物和沉淀物将堵塞孔道，降低油气层渗透率。

张绍俊等(2018)通过塔里木油田碎屑岩固井水泥浆储层损害实验研究认为，水泥浆滤液对储层损害机理主要为：水泥浆滤液中无机物结晶损害；水泥浆外加剂中有机物交联反应；水泥浆滤液对储层岩石的损害。水泥浆中固相颗粒对储层损害机理主要为：固井施工中，随着水泥浆的滤失，水泥颗粒及外掺料均会随着滤液一起进入储层，并发生水化反应，最终在储层内部固结，而外掺料则会直接堵塞储层孔喉造成损害。

在国外，Yang 等(2008)研究了水泥浆中不同外加剂的种类对固相颗粒尺寸的影响以及所造成的水泥浆滤液对岩石渗透率的影响。含有不同外加剂种类的水泥浆固相含量越大，储层损害越严重，此外，外加剂不同导致水泥浆滤液不同，从而影响储层损害程度。

Krilov 等(2013)认为水泥浆中小于孔喉平均尺寸 1/7 的不溶性固相颗粒将被孔隙俘获。

Rahman(2015)研究认为水泥浆对储层渗透率影响较大，渗透率的损害值由 20%上升到 80%，泥饼未清除时岩芯渗透率损害值明显小于泥饼清除后的岩芯渗透率损害值。一旦泥饼被清除，水泥浆固相和滤液将不受阻碍地侵入岩芯。

Jones 等(2018)系统研究了固井全过程可能发生的储层损害。研究发现质量较好的钻井泥饼可以减少水泥浆滤失量，淡水可以导致井壁周围 13.97cm 的损害。

二、水泥浆对油气层损害机理

水泥浆对油气层产生损害的原因可归纳为以下 3 个方面。

1)水泥浆中固相颗粒对油气层的损害

水泥浆固相颗粒具有可水化固结的特性。而且水泥浆固相在井壁有泥饼存在的情况下进入储层的能力将会受到抑制，但是，如果固井时发生漏失，水泥浆将大幅度地侵入储层，此时水泥浆固相对储层的污染将很严重，基本的形式是水泥浆固化堵塞孔隙喉道及油气流动通道，并且这种损害可能是永久性的。因此，固相颗粒堵塞伤害受外界因素影响，而固相颗粒侵入后使油气层渗透率下降的幅度则与岩石的孔隙喉道结构及固相颗粒是否水化固结有关。

固井作业中，不可避免地要使用含有大量水泥浆颗粒的水泥浆。水泥浆中粒径为 5～30 μm 的颗粒约占固相总量的 15%，而多数砂岩油藏的孔隙直径大于这个数值，因此水泥浆颗粒有可能进入地层，并在孔隙中水化固结堵塞孔隙或喉道，造成油气层的永久堵塞。

目前对这一损害还未取得一致认识，有人认为水泥浆对地层的污染是在钻井液污染地层之后，钻井液已在地层表面和近井壁层形成远比水泥浆泥饼更为致密的内外钻井液泥饼，水泥浆颗粒很难通过这两个屏蔽层进入地层，即使进入地层，其侵入深度也非常有限。根据苏联的研究，水泥浆对地层的损害，其渗透率下降率为50%～60%，污染深度约为2cm，2cm以后的岩芯渗透率下降率为0～20%，这说明颗粒损害只发生在岩芯的前2cm，2cm后几乎不存在颗粒损害，这2cm的损害带完全可以被射孔射穿，可以说对地层损害影响十分有限。

以上观点是以泥饼为前提而提出的，但现代固井技术为了减少前一类损害，即环空封固不良引起的油气散失，而采用了优质隔离液、冲洗液、泥饼刷、活动套管等新技术，以求清除外泥饼，提高水泥浆与井壁的胶结强度，这又不可避免地为水泥浆颗粒提供了进入地层的条件，所以水泥浆颗粒对地层的损害仍是一个值得研究的课题。

2)水泥浆滤液与油气层岩石和流体作用而引起的损害

水泥浆滤液与储层岩石不配伍发生反应影响储层的渗透率，比如水泥浆滤液与储层中的水敏性岩石矿物接触后，岩石矿物的膨胀造成孔喉通道堵塞。

一般来说，在固井作业中，水泥浆柱的压力要比钻井液柱大，所以井底压差高再加上水泥浆的滤失量比钻井液大数十倍，没有加入降失水剂的水泥浆API失水量可高达1 500mL以上，水泥浆API标准滤失量与实际岩芯测得滤失量见表4-4。尽管在实际渗透性地层中，水泥浆失水量比按API标准测得的失水量小1/60～1/150，但室内试验结果表明，水泥浆滤液仍对油气层产生损害，因为水泥与水发生水化反应时在滤液中形成大量Ca^{2+}、Mg^{2+}、Fe^{3+}、OH^-、CO_3^{2-}、SO_4^{2-}等多种离子，离子会诱发碱敏矿物分散运移，上述离子还可能与地层流体作用形成无机垢，滤液还会发生水锁作用与乳化堵塞，滤液中所含表面活性物质可能使岩石发生润湿反转等，上述这些作用都会使油气层受到损害，某油田沙河街油层受钻井液与水泥浆的损害情况见表4-5。

表4-4 水泥浆API标准滤失量与实际岩芯测得滤失量

序号	岩芯渗透率($10^{-3}\mu m^2$)	泥浆与水泥浆污染岩芯后，水泥浆的失水量(mL)		水泥浆失水量(mL)
		有泥饼	无泥饼	
1	2.23	0.9	2.25	1 682
2	17.13	31.50	38.25	
3	47.00	54	63	
4	6.01	6.8	6.8	268
5	13.80	4.5	—	509
6	13.80	6.76	—	988
7	278.15	—	4.57	88
	304.06	—	5.87	300
	366.06	—	6.80	900
8	792.65	—	9.05	90
	793.92	—	11.3	295
	644.37	—	13.6	890

表 4-5　某油田沙河街油层受钻井液与水泥浆的损害情况

K_{wl} ($10^{-3}\mu m^2$)	损害程度	滤失量(mL)				损害后渗透率 ($10^{-3}\mu m^2$)		渗透率下降率 (%)		
		API 标准		岩芯损害时测定						
		钻井液	水泥浆	钻井液	水泥浆	K_{md}	K_T	ΔK_m	ΔK_T	ΔK_C
23.75	钻井液	2.5	—	10.12	—	7.10	—	70.1	—	—
29.47	双重①	2.5	1 682	13.5	36	—	5.75	—	80.5	10.4
29.47	双重②	2.5	1 682	13.5	50	—	5.54	—	81.2	11.1
17.13	双重①	2.5	1 682	22.5	31.5	—	1.95	—	88.6	18.5
17.13	双重②	2.5	1 682	22.5	38.5	—	1.70	—	90.1	20
4.49	钻井液	2.5	—	6.3	—	1.79	—	60.2	—	—
3.39	双重①	2.5	1 682	5.6	18	—	1.05	—	69	8.8
6.01	双重①	2.5	268	6.8	11.3	—	1.89	—	68.5	8.3
37.2	钻井液	2.5	—	18	—	—	—	74.3	—	—
47.0	双重①	2.5	1 682	22.5	54	—	5.50	—	88.3	14
42.50	双重②	2.5	1 682	22.5	63	—	4.51	—	89.4	15.1
3.87	钻井液	48	—	22.5	—	0.58	—	85	—	—
3.75	双重②	48	1 682	18	45	0.39	—	—	89.6	4.6

注：①为有泥饼；②为无泥饼。ΔK_m、ΔK_T、ΔK_C 分别为钻井液、钻井液与水泥浆、水泥浆引起的渗透率下降率；K_{md}为钻井液损害后的渗透率；K_T 为钻井液与水泥浆共同损害后的渗透率；K_{wl}为原始岩芯油相渗透率。

3)水泥浆中无机盐结晶沉淀对油气层的损害

如果进入储层的水泥浆与地层流体之间配伍性不好，在井下储层的温度、压力条件下，就会引起对储层孔隙度、渗透率参数有害的化学反应，形成的乳化物、有机垢、无机垢将导致地层伤害。

由于水泥浆在水化过程中将游离和溶解出大量的无机物离子，在压差作用下含有大量离子的自由水就会进入地层形成水泥浆滤液，在滤液中有较多的 Ca^{2+}、Mg^{2+}、Fe^{3+}、OH^-、CO_3^{2-}、SO_4^{2-}。在静止状态下，由于高 pH 值的存在，这些离子以过饱和状态溶解在滤液中。但滤液进入地层后，在一定条件下，将结晶析出或沉淀出 $Ca(OH)_2$、$CaSO_4$、$CaCO_3$，这些结晶物和沉淀物将堵塞孔道，降低油气层渗透率。它的污染深度将与水泥浆滤液污染深度接近。但关于这类问题的研究还很少做过，有待进一步探讨。水泥浆对地层的损害与钻井液相比有如下特点。

(1)压差大。在实际固井施工中，一般水泥浆密度大于钻井液密度，且环隙小，施工中产生的流动阻力、剪切速度及压力都大于钻井液。这势必为颗粒和滤液进入地层提供了良好的外部条件。

(2)固相含量高。对钻井液我们可用无固相盐水清洁液或其他无固相液体取代传统钻井液。而在固井作业中，水泥浆的水泥颗粒是不能取代的，而且它的粒级分布不同，5～30 μm

的颗粒占15%左右，而大于44 μm的颗粒占4.8%左右，这对地层损害会产生不同程度的影响。但由于颗粒直径较大，因此侵入地层深度一般不大。

(3)滤失时间短且滤失率高。水泥浆API失水量远大于钻井液失水量，而且更难以控制，但由于施工时间短，滤失时间有限，反过来限制了水泥浆滤液和颗粒污染的深度。总的说来，在有内外泥饼的情况下，水泥浆对地层的损害以滤液进入地层造成损害为主。

(4)滤液离子浓度高。以上谈到的各种离子的浓度积都大于标准的溶解积，也就是说滤液是过饱和的，很可能在地层中结晶沉淀。

(5)水泥浆污染处于钻井液污染之后，有内外泥饼，将大大限制水泥浆滤液和颗粒的污染程度。

三、水泥浆对储层的伤害评价方法

顾军等(2006)利用高温高压动失水仪，参照钻井液污染岩芯的方法进行了水泥浆污染实验，通过切除不同距离的岩芯污染段，测其不同深度的渗透率恢复值。

郭小阳等(1996)利用高温高压动失水仪，参照钻井液污染岩芯的方法进行了水泥浆污染实验，测试水泥浆对岩芯的伤害程度。

李淑白等(2008)通过水泥浆滤液与地层水、地层原油的配伍性研究，对水泥浆对储层的损害进行了定性研究。通过借鉴钻井液对储层渗透率影响的评价方法，在动滤失仪上进行岩芯污染实验，并通过调整水泥浆稠化时间来满足岩芯污染实验所需时间要求。实验模拟不同井眼条件(如无固相钻井液钻井时井壁无泥饼、钻井液外泥饼在固井前被冲刷掉、钻井液外泥饼在固井前未被冲刷掉等情况)下，水泥浆滤液及水泥浆对储层渗透性的影响，同时在实验中加入了储层的温度、压力环境等因素，对水泥浆对储层的伤害程度进行了定量评价。

张绍俊等(2018)通过水泥浆滤液与地层水配伍性实验、水泥浆滤液黏土膨胀率实验研究、水泥浆固相粒径分布分析等对储层伤害进行了定性评价。采用岩芯驱替装置进行水泥浆滤液对岩芯的损害实验，采用高温高压失水仪进行了水泥浆固相颗粒水泥浆对储层的损害实验，随后对水泥浆损害前后的岩芯进行了电镜扫描。

孟小海(2019)依据《钻井液完井液损害油层室内评价方法》(SY/T 6540—2002)，建立了钻井液与水泥浆室内综合动态评价实验方法。主要步骤为：①抽真空饱和氯化钾溶液(参考地层水盐度)；②用煤油或模拟油驱替建立束缚水，油测渗透率(K_1)。③在模拟地层温度与压力条件下进行钻井液动滤失实验(125min)和钻井液静滤失实验(25min)，记录滤失量。④除去外泥饼，测定钻井液污染后的油测渗透率(K_2)。⑤注入水泥浆，循环60min，记录滤失量。⑥再次除去外泥饼，测定水泥浆污染后的油测渗透率(K_3)。根据岩芯的性质，采用不同的方法确定岩芯污染状况，对胶结致密的岩芯，采用多点测压装置，利用差压传感器，进行分段测压和渗透率测定；对胶结疏松的岩芯，由于有铅皮包封，不能采用多点测压方法，应采取分段截取、测定保留段岩芯渗透率的方法。

许明标(2019)根据水泥浆储层伤害评价方法，按石油天然气行业标准《钻井液完井液损害油层室内评价方法》(SY/T 6540—2002)执行，采用岩芯损害实验仪等模拟钻井条件，评价钻井液与完井液的综合储层保护效果。具体实验步骤如下：

(1)将岩芯干燥,编号,量取长度及直径,测量空气渗透率 K_a。

(2)抽空饱和模拟地层水,静置 24h 后,正向测岩芯的煤油渗透率 K_o。

(3)在模拟实验条件下,钻井液污染岩芯后破胶及驱替完井液。

(4)除去假泥饼正向测定岩芯损害后的煤油渗透率 K_d,计算岩芯渗透率恢复率(K_d/K_o),一般达到 80%以上为储保效果良好。

实验流程如图 4-45 所示。

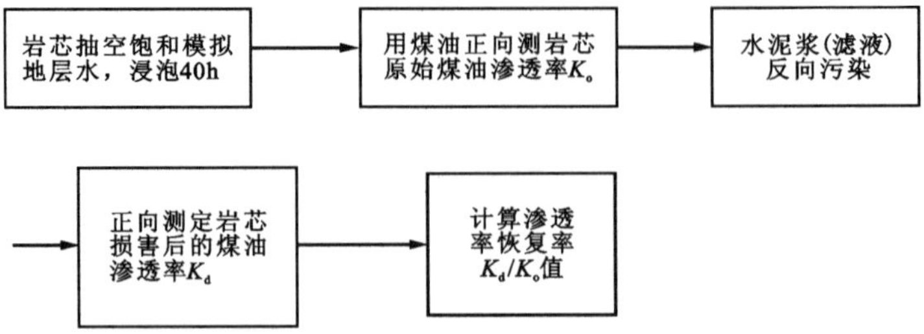

图 4-45　岩芯渗透恢复实验流程

四、水泥浆对储层污染深度理论计算方法

许明标(2007)认为,在固井过程中水泥浆静液压力与地层孔隙压力压差作用下,水泥浆滤液侵入地层,水泥浆可进入地层的水量是一次性的,不可能像泥浆那样不断补充,无限制进入地层。水泥浆在井下的失水量,最多为水泥浆的含水量。

为了确定固井过程中水泥浆最大滤失量,首先需要确定固井封固环空体积。为了方便,假设井眼和套管都是圆柱体,截面如图 4-46 所示。

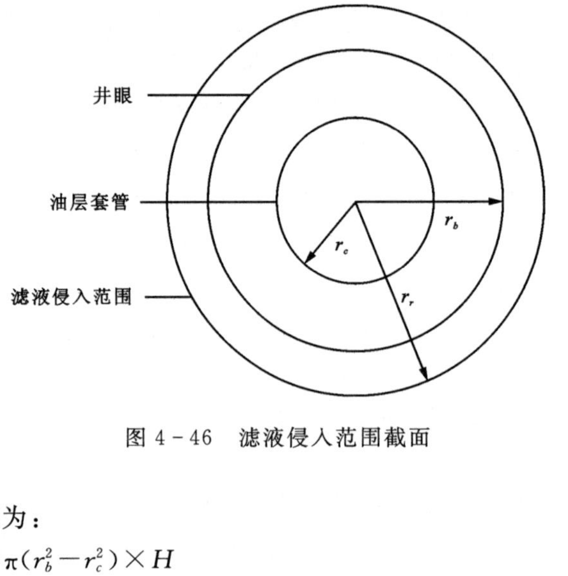

图 4-46　滤液侵入范围截面

固井封固环空体积为:

$$V_a=\pi(r_b^2-r_c^2)\times H \tag{1}$$

式中：V_a 为固井封固环空体积，cm^3；r_b 为井眼中心到井壁距离，cm；r_c 为井眼中心到套管距离，cm；H 为封固环空高度，cm。

以无任何外掺料水泥浆为例。若封固环空所使用的水泥浆密度为 ρ_s，则水泥浆的水灰比为：

$$u=\frac{1-\rho_s/\rho_c}{\rho_s/\rho_w{}^{-1}} \tag{2}$$

即配制密度为 ρ_s 的水泥浆，所需的配浆水与水泥的比值为 u。

式中：ρ_s、ρ_c、ρ_w 分别为水泥浆密度、水泥密度、水的密度，g/cm^3；u 为水泥浆水灰比。

假设配制体积为 V_a 的水泥浆，所需的水泥和配浆水质量分别为 m 和 w（单位：g）。则：

$$u=\frac{w}{m} \tag{3}$$

$$V_a=\frac{m+w}{\rho_s} \tag{4}$$

根据式(3)和式(4)，计算得到体积为 V_a 的水泥浆含水质量为：

$$w=\frac{uV_a\rho_s}{1+u} \tag{5}$$

在极限滤失情况下，水泥浆含水量可全部侵入储层。在封固环空体积为 V_a 时，水泥浆最大滤失量的质量与配浆水质量 w 相等。

假设滤液与配浆水密度相同，最大滤失量为：

$$V_w=\frac{w}{\rho_w} \tag{6}$$

式中：V_w 为封固环空体积为 V_a 时水泥浆极限滤失量，cm^3。

若储层岩石孔隙度为 Φ，封固储层厚度为 H，水泥浆在储层内侵入深度离井筒中心距离为 r_r，滤液侵入范围截面如图 4-46 所示。当考虑滤液驱替效率时，储层饱和滤液体积为：

$$V_p=\pi(r_r^2-r_b^2)\times H\times\Phi\times d \tag{7}$$

式中：V_p 为厚度为 H 的储层在滤液侵入深度为 r_r 时孔隙饱和滤液体积，cm^3；r_r 为滤液侵入深度离井眼中心距离，cm；Φ 为储层孔隙度；d 为滤液驱替效率。

在极限滤失条件下，水泥浆滤液侵入深度最大，此时，储层饱和滤液体积 V_p 与最大滤失量 V_w 体积相等。根据式(1)和式(5)～式(7)，计算得到滤液侵入极限深度离井眼中心距离为：

$$r_r=\sqrt{\frac{u\rho_s(r_b^2-r_c^2)}{d\Phi(1+u)\rho_w}+r_b^2} \tag{8}$$

水泥浆滤液侵入储层最大深度 c 为：

$$c=\sqrt{\frac{u\rho_s(r_b^2-r_c^2)}{d\Phi(1+u)\rho_w}+r_b^2}-r_b \tag{9}$$

式中：r_r 为滤液侵入最大深度离井眼中心距离，cm；c 为水泥浆滤液侵入储层最大深度，cm。

当油气井进行射孔完井时，通过比较水泥浆滤液在储层侵入最大深度与射孔完井时打开生产层最大深度，即可判断水泥浆对储层伤害程度。若水泥浆滤液在储层最大侵入深度在射孔范围内，则认为水泥浆对储层的影响很小或可忽略不计；若水泥浆滤液在储层侵入深度大于射孔深度，则认为水泥浆对储层影响较大。

第四节 固井液生物毒性试验方法

本章节主要参考“GB 18420.1—2009 海洋石油勘探开发污染物生物毒性第 1 部分：分级”与“GB/T 18420.2—2009 海洋石油勘探开发污染物生物毒性第 2 部分：检验方法”两部分内容。

一、海洋石油勘探开发污染物生物毒性分级

1. 范围

本部分规定了海洋石油勘探开发作业中使用或生成后并排入海洋中的部分污染物在不同海区的生物毒性检验的频率和容许值，并对样品的检验方法、结果判定等提出了要求。

本部分适用于海洋石油勘探开发作业中使用或生成后并排入海洋中的钻井液、基液、钻屑和生产水的生物毒性分级，本部分限定外的污染物的生物毒性分级参照使用。

2. 规范性引用文件

下列文件中的条款通过本部分的引用而成为本部分的条款。凡是注日期的引用文件，其随后所有的修改单(不包括勘误的内容)或修订版均不适用于本部分，然而，鼓励根据本部分达成协议的各方研究是否可使用这些文件的最新版本。凡是不注日期的引用文件，其最新版本适用于本部分。

GB/T 18420.2—2009 海洋石油勘探开发污染物生物毒性第 2 部分：检验方法。

3. 术语和定义

下列术语和定义适用于本部分。

1)海洋石油勘探开发污染物 pollutant from marine petroleum exploration and exploitation

海洋石油勘探开发作业中使用或生成后并向海洋排放，且可能对海洋生态环境造成污染的任何物质。

2)污染物生物毒性分级 biological toxicty grading of pollutants

根据海洋石油勘探开发污染物对海洋生物的影响程度，划分污染物的生物毒性的不同等级。

3)海洋石油勘探开发作业 operation of marine petroleum exploration and exploitation

海洋石油勘探、开发、生产、储存和管线运输等作业活动。

4)钻井液 drilling fluid

在钻井过程中使用的具有润滑和冷却钻头、携带钻屑、平衡地层压力等作用的循环流体，包括水基钻井液、油基钻井液和合成基钻井液。

(1)水基钻井液 water-based drilling fluid。固相颗粒的悬浮液为水溶性的，即固相颗粒

悬浮在水中或盐水中，油可以乳化到水中，水为连续相的钻井液。

(2)油基钻井液 oil-based drilling fluid。连续相为柴油、矿物油或其他一些不含合成物质的油类的钻井液。

(3)合成基钻井液 synthetic-based drilling fluid。连续相为某些合成有机物(例如植物性脂、聚 α-烯烃、内烯烃、线性 α-烯烃、乙醚、线性烷基苯等)或这些合成有机物的混合物的钻井液。

5)基液 base fluid

油基钻井液或合成基钻井液配方中的连续相。

6)钻屑 drill cuttings

海洋石油勘探开发中钻探地层作业时产生并随钻井液从井底带出的岩屑，分为水基钻屑、油基钻屑和合成基钻屑。

7)生产水 produced water

开采油层时来自地层的油水混合流体经分离后的水部分，包括油层水、注入水及油水分离过程中添加的化学物质。

8)生物毒性容许值 biological toxicity limit

容许海洋石油勘探开发污染物在海区排放的生物毒性限定值。

9)检测频率 test frequency

一定时间内，在不同海区排放的海洋石油勘探开发污染物的生物毒性检验的次数。

10)生物毒性检验 biological toxicity test

在试验条件下对生物体施加污染物以判定污染物对生物体所产生的毒性影响的一种检验方法。

4. 海区等级

海洋石油勘探开发污染物应按照本部分规定的倾倒海区的等级执行分级标准。海区等级划分如下：

一级海区，包括辽东湾、渤海湾、莱州湾、北部湾，国家划定的海洋特别保护区及其他保护区域，海滨风景游览区及其他距离海岸 10n mile 以内的海域。

二级海区，包括一级海区以外的中华人民共和国所辖的其他海域。

5. 生物毒性检验

海洋石油勘探开发作业者在使用或排放本部分规定的污染物前应按照 GB/T18420.2—2009 的规定进行生物毒性检验。

6. 生物毒性分级

1)生物毒性容许值

(1)基液。基液的生物毒性容许值见表 4-6。

表 4-6 基液的生物毒性容许值

项目	海区等级	生物毒性容许值(mg/L)
基液	一级	15 000
	二级	10 000

(2)钻井液。钻井液的生物毒性容许值见表 4-7。

表 4-7 钻井液的生物毒性容许值

项目	海区等级	生物毒性容许值(mg/L)
水基钻井液	一级	30 000
	二级	20 000
非水基钻井液	一级	15 000
	二级	10 000

(3)钻屑。钻屑排放前,携带该钻屑的钻井液应符合其生物毒性容许值要求。

(4)生产水。生产水的生物毒性容许值见表 4-8。

表 4-8 生产水的生物毒性容许值

项目	海区等级	生物毒性容许值(mg/L)
生产水	一级	100 000
	二级	50 000

2)检验频率

(1)基液。基液应在供应商提出使用申请前检验一次。

(2)钻井液。在使用水基、油基成合成基钻井液钻探时,应每井每月检验一次。

二、海洋石油勘探开发污染物生物毒性检验方法

1. 范围

本部分规定了海洋石油勘探开发作业中使用或生成后并排入海洋的部分污染物在生物毒性检验中采用的试验方法,以及试验方法中有关样品的处理、实验生物、试验程序、结果判定、质量控制等要求。

本部分适用于海洋石油勘探开发作业中使用或生成后并排入海洋的钻井液、基液、钻屑和生产水的生物毒性检验,本部分限定外的污染物的生物毒性检验可参照使用。

2. 规范性引用文件

下列文件中的条款通过本部分的引用而成为本部分的条款。凡是注日期的引用文件，其随后所有的修改单(不包括勘误的内容)或修订版均不适用于本部分，然而，鼓励根据本部分达成协议的各方研究是否可使用这些文件的最新版本。凡是不注日期的引用文件，其最新版本适用于本部分。

3. 术语和定义

下列术语和定义适用于本部分。

1)静水式生物毒性试验 static biological toxicity test

试验期间内不更换试验溶液，进行观察、测定生物异常或死亡效应的试验。

2)无可见影响浓度 no observed effect concentration(NOEC)

实验生物暴露在一组不同浓度的试验溶液一定时间后，通过观察实验生物的不良影响，并比较试验组与对照组统计分析结果，判定出对实验生物无显著影响的最大浓度。

3)半数致死浓度 half lethal concentration(LC_{50})

在一定观察期内，造成50%的受试生物死亡的毒物浓度。

4)半数有效浓度 half effective concentration(EC_{50})

在一定观察期内，引起50%受试生物产生某一特定效应，或者是实验生物的某效应指标被抑制一半时的毒物浓度，以EC_{50}表示。

4. 原理

海洋生物的各种生理活动受海洋环境影响，通过观察测定实验生物在一定试验期间内接触试验物质后的异常或死亡效应，得到海洋石油勘探开发污染物对实验生物有明显影响的具体浓度。

5. 采样、送样和样品保存

1)样品的采集

(1)采样数量。采样量：钻井液5L，基液5L，生产水5L；采样量应足够供3次重复试验的用量。

(2)采样地点。钻井液样品从排放口或泥浆池采集。基液样品采自贮存基液。生产水在排放点的排放口采样。

2)包装、运输和贮存

(1)包装。采送样品应用惰性材料制成的容器密封包装，如聚乙烯塑料桶。

(2)运输。按照GB 17378.3的规定贮存和运输样品，受检样品应在48h内送达生物毒性实验室。

(3)标签。所有样品容器上应标明样品名称、钻井代号、油井代号、生产或使用者、采样人、采样时间、采样方式、采样数量等。样品送达实验室后送样人应填写送样表，样品接受人应检查样品标签和包装是否完整，并对样品进行编号、签字和记录存档。

(4)贮存。生产水样品应贮存于 4～8℃,其他样品应贮存在阴凉处。

6. 实验生物

1)实验生物的种类

(1)仔虾:中国明对虾(*Fenneropenaeus chinensis*)、斑节对虾(*Penaeus monodon*)、长毛明对虾(*Fenneropenaeus penicillatus*)、脊尾白虾(*Palaemon carincauda*)、凡纳滨对虾(*Litopenaeus vannamei*)五种虾的仔虾。

(2)卤虫(*Artemia*)。

(3)蒙古裸腹溞(*Moina mongolica*)。

(4)裸项栉虾虎鱼(*Ctenogobius gymnauchen*)。

2)实验生物来源及品质

(1)仔虾。仔虾宜实验室自繁饲养,也可自货源稳定、信誉好的苗种场购买。仔虾购入后应在实验室驯养 48h 后用于毒性试验,自繁饲养的仔虾应驯化 24h 后用于毒性试验。应选活力好,体色透明的仔虾用于试验。

(2)卤虫。可实验室自繁收集卤虫,也可购买商品卵孵化:按 1.0g/L 的比例取适量卤虫卵加入稀释水中,在 25℃、盐度 30～35、光照 2 000～3 000lx 的环境条件下充氧孵化。应取同一批次孵出的无节幼体用于毒性试验。

(3)蒙古裸腹溞。宜实验室自繁收集。

(4)裸项栉虾虎鱼。宜实验室自繁收集。

3)实验生物饲养条件

(1)仔虾。仔虾饲养的适宜条件见表 4-9。

表 4-9　仔虾实验室饲养条件

饲养条件	中国明对虾仔虾	长毛明对虾仔虾	斑节对虾仔虾	脊尾白虾仔虾	凡纳滨对虾仔虾
水温(℃)	22～25	27～29	26～29	24～28	23～30
盐度	25～33	28～33	25～30	22～28	8～28
pH	7.6～8.2	7.6～8.2	7.6～8.2	7.9～8.6	8.0～8.3

(2)卤虫。在水温 22～27℃、盐度 30～35、自然光照的条件下培养,每天投喂盐藻、扁藻或小球藻等单细胞藻。

(3)蒙古裸腹溞。在水温 22～27℃、盐度 26～30、自然光照的条件下培养,每天投喂盐藻、扁藻或小球藻等单细胞藻。

(4)裸项栉虾虎鱼。实验前 1 周采收受精卵并置于水温 27～28℃、盐度 25～32、pH7.6～8.2 条件下充气孵化,收集初孵仔鱼并记录孵出日期,同一批收集的仔鱼孵出时间间隔不能超过 24h。仔鱼的饲养条件为水温 25～30℃、盐度 20～30,自然光照,2 日龄投喂轮虫,15 日龄后可投喂卤虫幼体或轮虫。

4)实验生物开始试验的日龄和观测指标

(1)仔虾:小于仔虾期 10d(P_{10}期)的仔虾,以死亡作观测指标。

(2)卤虫:卤虫卵孵化 20～24h 的幼体,以死亡或生长作观测指标。

(3)蒙古裸腹溞:Ⅰ龄幼体,以死亡作观测指标。

(4)裸项栉虾虎鱼:3～10 日龄的仔鱼,以死亡作观测指标。

5)实验生物的质量控制

(1)实验生物应健康正常,驯养阶段的死亡率应小于 10%。

(2)应进行标准毒物对实验生物的 24h 急性毒性试验,建立各批次实验生物的 24hLC_{50}范围,本试验所用标准毒物为分析纯的十二烷基硫酸钠(sodium dodecyl sulfate,SDS)。

7. 设施和设备

1)设施

(1)饲养实验生物的水池或水族箱等。

(2)可控照明装置。

(3)饲养实验生物的控温、充氧、循环清洁海水的设备,包括制冷和加热的控温设备、充气设备、循环水设备、水过滤设备等。

2)试验容器及溶液体积

(1)仔虾试验溶液体积应为 1 000mL,试验容器可采用玻璃水槽等玻璃容器。

(2)卤虫无节幼体试验溶液体积应为 100mL,试验容器可采用烧杯等玻璃容器。

(3)蒙古裸腹溞试验溶液体积应为 100mL,试验容器可采用烧杯等玻璃容器。

(4)裸项栉虾虎鱼仔鱼试验溶液体积应为 200mL,试验容器可采用烧杯、水槽等玻璃容器。

3)环境因子测定的试剂和仪器

溶氧仪、盐度计、pH 计、温度计。也可采用分光光度法测定溶解氧含量,测定的试剂和仪器应符合 GB 17378.4—2007 第 32 章的规定。

4)其他

高速搅拌器、显微镜、胶头滴管、量筒、手抄网、酶标板或者小离心管等。

8. 试验程序

1)检验样品的准备

(1)稀释水的准备。稀释水应清洁、无毒、水质稳定且对实验生物适宜,宜使用取自清洁无污染海区水质稳定的海水作为稀释水。若条件不许可,可使用人工配制海水,配制成与纳污水体相同的盐度后使用。

(2)贮备液的配制。水基钻井液:按体积比取 1 份钻井液加入 9 份稀释水,2 000～3 000r/min 搅拌 15min,然后加水稀释为试验组的最高浓度,继续搅拌 5min,静置 60min 后取上层悬浮液作为贮备液。油基钻井液:按体积比取 1 份钻井液加入 9 份稀释水,2 000～3 000r/min 搅拌 15h 至絮状,然后加水稀释为试验组的最高浓度,继续搅拌 5min,静置 60min 后,避开表面油膜,取水相部分作为贮备液。

2)组织固定液的配制

(1)固定液的使用。固定液用于以生长作观测指标的生物毒性试验中生物个体的组织固定。固定液可采用中性甲醛固定液(3%～5%)或鲁哥氏液。

(2)中性甲醛固定液(3%～5%)。以 pH7.2～7.4 的磷酸缓冲液为溶剂配制,配制后应密封并保存在阴凉处,保存时间不超过一个月。3%中性甲醛固定液配方:蒸馏水 925mL,加入无水磷酸氢二钠 6.5g 及磷酸二氢钠 4.0g,充分溶解后加入甲醛(40%)溶液 75mL。5%中性甲醛固定液配方:蒸馏水 875mL,加入无水磷酸氢二钠 6.5g 及磷酸二氢钠 4.0g,充分溶解后加入甲醛(40%)溶液 125mL。

(3)鲁哥氏液。鲁哥氏液又称碘液,配制方法:取 6g 碘化钾溶于 20mL 蒸馏水中,搅拌到完全溶解后,加入 4g 碘,等碘充分溶解后,加入 80mL 蒸馏水,贮存在棕色试剂瓶内。

3)预备试验

宜选用 2 种或 2 种以上的实验生物进行试验。以死亡率为观测指标的预试验应尽量确定出全部死亡和无死亡的浓度范围,以生长为观测指标的预试验应确定出能引起 50%以上(低于 100%)作用效果和 50%以下(高于 0)作用效果的浓度范围。

4)正式试验

(1)试验浓度设置。用贮备液和稀释水配制试验溶液,参考预试验结果设定 5 个等比浓度组和 1 个空白对照组,等比系数不宜大于 2.0,每个试验组应设 4 个重复,每个容器应放 10 个实验生物个体。如果样品毒性较低,则应保证试验死亡数据至少能满足计算 LC_{50} 或 EC_{50} 的最低要求。

(2)实验生物移入。仔虾:用手抄网在驯养池中随机选择实验生物并及时放入试验容器内。弃用跃出或损伤的生物。在试验操作过程中,应在 30min 内完成分放实验生物。

卤虫:用胶头滴管在驯养容器随机吸取卤虫幼体,然后小心移入试验容器。尽量减少分放实验生物的时间,尽量减少生物移入过程中对各浓度组试验溶液的稀释。

(3)充气要求

当试验溶液的溶解氧饱和度低于 60%时,应对试验溶液进行轻微充气,充气气泡为 60～100 个/min。如浓度组进行充气,同样对照组也应充气。

(4)试验的环境因子

试验适宜的环境条件为:水温 23～28℃,盐度 20～35,pH7.6～8.6。试验过程中水温变化范围不应超过 2℃,盐度变化范围不宜超过 2,pH 值变化范围不宜超过 0.4。

(5)饲喂

仔虾宜饲喂卤虫无节幼体,每个仔虾每天饲喂 10 个卤虫无节幼体。

卤虫幼体和蒙古裸腹溞饲喂扁藻、小球藻等单细胞藻类,藻液离心后饲喂(离心转数 3 000～4 000r/min),避免加入藻液引起试验溶液体积的明显改变。

裸项栉虾虎鱼仔鱼宜饲喂轮虫,每条仔鱼每天投喂 500 个轮虫,每个试验容器投喂体积不超过 0.2mL。

(6)观察和记录

①仔虾。毒性试验持续时间为 96h,每 24h 观察实验生物,移去死亡个体,将死亡个体数记录在原始记录表内。轻触无反应或在体视显微镜下观测心脏停止跳动均可判定为死亡。

②卤虫。以死亡为观测指标的毒性试验，持续时间为96h，每24h观察实验生物，移去死亡个体，将死亡个体数记录在原始记录表内。沉到容器底部的幼体在15s内仍不能游动者，即认为已死亡。

以生长为观测指标的毒性试验，持续时间为72h。72h时用吸管吸出存活个体置于酶标板或离心管中，加入鲁哥氏液或中性甲醛固定液（3%～5%）固定后，吸出卤虫置载玻片上，在4倍物镜下用目镜测微尺观测体长，或使用显微镜摄像系统的软件进行体长测量，卤虫体长为尾凹到头部的最长距离。将体长观测值记录在原始记录表内。

③蒙古裸腹溞。毒性试验持续时间为72h，每24h观察实验生物，移去死亡个体，将死亡个体数记录在原始记录表内。沉到容器底部的蒙古裸腹溞在15s内仍不能游动者，即认为已死亡。

④裸项栉虾虎鱼仔鱼。毒性试验持续时间为96h，每24h观察实验生物，移去死亡个体，将死亡个体数记录在原始记录表内。体色不透明或身体弯曲，且用胶头滴管轻吹无反应的判为死亡个体。

⑤环境因子的测定和记录。每次试验溶液配制后应测定并记录各项环境因子，如溶解氧、pH值、水温、盐度等，结束试验时宜相应地测定并记录这些环境因子。测定值记录在原始记录表上。

9. 试验结果分析和判断

1)结果的有效性

试验溶液的溶解氧饱和度应达到60%以上。以卤虫作为实验生物的试验，对照组的死亡率不超过10%；以仔虾及仔鱼作为实验生物的试验，对照组的死亡率不超过20%。

2)试验结果的判定

以死亡为观测指标的生物毒性试验。在大于或等于生物毒性容许值的试验浓度组未出现实验生物死亡，直接判定为大于生物毒性容许值。

当小于生物毒性容许值的试验浓度组出现实验生物死亡，通过概率单位法、图表法等方法计算LC_{50}值。概率单位法、Spearman-karber法和Trimmed Spearman-karber法计算LC_{50}值和置信区间，作为受检物的生物毒性结果。

在小于生物毒性容许值的试验浓度组出现实验生物死亡，通过计算NOEC值辅助判定受检物的生物毒性。对试验结果进行正态分布和方差齐次检验，如符合正态检验和方差齐次检验则采用参数检验方法(Dunntt's检验)判定NOEC值。如不符合正态检验或方差齐次检验则采用非参数检验方法(Steel's多对一检验)判定NOEC值。

(3)以生长为观测指标的生物毒性试验。通过线性内插法计算EC_{50}，以EC_{50}值作为受检物的生物毒性结果；可以通过计算NOEC值来辅助判定受检物的生物毒性。

10. 质量控制

1)批间和批内质量控制

每批次试验必须同时进行标准毒物的24h生物毒性试验，通过比较LC_{50}值评价实验生物质量的稳定性。

保证试验过程试验环境因子的稳定性，即试验期间的水温变化不应超过 2℃，盐度变化不宜超过 2，pH 变化范围不应超过 0.4，溶解氧饱和度应大于 60%。

2）原始记录

原始记录应完整，包括采样的时间和地点。试验时间、样品的保存方法、采样和试验人员签名、试验所用的方法和技术、质量控制记录、试验的原始资料、仪器校准和维修记录、试验报告等。

11. 检验报告

检验报告应包括检验报告表和试验报告。

检验报告表包括：送样单位、送样人、送样时间、样品名称、样品编号、样品接受人、检验依据的标准、试验结果以及出具检验结果的生物毒性试验室签章等。

试验报告包括：受试样品表观描述；稀释水、贮备液和试验溶液的配制；试验所用仪器设备；实验生物介绍；对照组和各个浓度组死亡数；用浓度反应曲线或方程表示的试验浓度与实验生物反应的关系；检验人签名。

第五章 复杂环境下固井液材料体系

随着油井注水泥技术的不断进步，除了常规的聚乙烯醇水泥浆、聚合物水泥浆等，用以解决某些特殊问题的特种水泥体系也有了很大发展。本章将介绍用以解决亏空地层低密度水泥浆、低温、漏失、微环隙和在盐层及具有腐蚀性的井眼环境下注水泥等问题的特种水泥体系，用于解决环空气窜和高温等问题的特种水泥体系等，同时也简要介绍了前置液技术体系。

第一节 触变性水泥浆体系

一、体系综述

触变性就是流体在剪切作用下所表现出来的性能。当具有触变性的流体处于静止状态时，会形成一种胶凝结构并能够自支撑(Shaw,1970)。实际上，触变性水泥浆在混配与顶替期间是稀释的和流体状的。当停止泵送时，它将迅速形成一种较硬的自支撑胶凝结构；当再次搅拌时，胶凝结构破裂，水泥浆再次转变为可泵的流体；当剪切作用停止后，水泥浆再次出现胶凝结构并转变为自支撑状态。真正的触变性水泥的流变性类型是可以连续转换的。

通常触变性水泥浆在剪切作用下具有宾汉流体的性质，因而它们的性能取决于屈服值(τ_y)和塑性黏度(μ_p)。τ_y 是有关流体在剪切作用下的一个理论值。对于触变性水泥浆，τ_y 是水泥浆开始流动所必需的剪切应力，也就是在剪切速率为零时测得的剪切应力。对于非触变性流体，不论剪切速率是提高还是降低，它的屈服值将保持不变。在静态下流体的物理结构没有变化，并且推动流体运动所需要的压力也不会随时间而改变。而触变性流体，只有在去除剪切应力时才能表现出屈服点。如果经过一段时间再使流体恢复运动，将需要大于屈服点的力。"胶凝强度"和屈服点之差表示流体的"触变性程度"。

1. 体系组成

(1)油井水泥：G 级。

(2)配浆水：海水。

(3)触变剂 1：硫酸钙，8%～10%(BWOC)。

(4)触变剂 2：氯化钙，2%～3%(BWOC)。

(5)降失水剂：G11 或 G11S。

(6)缓凝剂：H11S 或 H41S，0～3%(BWOC)。

(7)消泡剂：X60F，0.01%～0.05%(BWOC)。

2. 体系特点

触变性水泥体系有几个重要的用途，它们经常被用于那些水泥浆液柱常常出现下落的油井中(Wieland et al,1969)。这类油井中有松软地层存在，这些松软地层即使在较低的静液压力下也会发生破裂。自支撑的水泥，由于胶凝强度增加而减小了对地层的压力，从而可防止水泥下沉。

触变性水泥的另一个重要用途是用于处理在钻井期间的井漏问题。当触变性水泥浆进入漏失层时，前缘的流速减慢并开始形成一种胶凝结构。最后，由于流动阻力的增加，漏失层被堵塞。一旦水泥浆凝固，漏失层将被有效地固化。

触变性水泥体系的其他用途有如下几个方面：①修补破裂或被腐蚀的套管；②在补注水泥施工中难于获得挤注压力的情况下，作为领浆使用；③在希望水泥浆能迅速停止流动的环境下，作为一种水泥浆使用；④在某些环境下防止气窜。

3. 体系使用注意事项

触变性水泥浆还有一个明显的特性。在每一次静、动态循环之后，它的胶凝强度和屈服点趋向于增高。在注水泥施工期间，由于这一特性，在反复停止泵送之后再次开始流动时，将需要过大的泵压。因此，当泵送这种水泥体系时，应尽可能避免延长停泵时间。

第二节　经济型低密度填充水泥浆体系

一、体系综述

ZJ－Litestone 水泥浆体系是中海油田服务股份有限公司开发的经济型低密度填充水泥浆体系，主要是以聚合物降失水剂为主剂，以优质粉煤灰为减轻材料，辅以增强材料和多种外加剂配制而成，具有密度低、强度高的特点。体系以线性堆积模型和固体悬浮模型为基础，以紧密堆积技术为基本理论，提高了单位体积水泥浆中固相，增强了水泥石的致密性；优选合理材料，减少物料颗粒间的充填水和表面的润滑水，使水泥浆有良好的流变性，改善了水泥浆的整体性能。它的主要应用范围如下：

(1)低压易漏油气井的固井作业。

(2)长封固段油气井的固井作业。

(3)存在严重腐蚀性水、气油气井的固井作业。

(4)油气井填充浆。

(5)欠平衡钻井的固井作业。

(6)对成本要求高的煤层气固井作业。

1. 体系组成

经济型低密度填充水泥浆体系水泥浆主要是以聚合物降失水剂为主剂，以优质粉煤灰为减轻材料，辅以增强材料和多种外加剂配制而成，具体包括以下几种材料。

(1)油井水泥：G 级。

(2)配浆水：淡水或海水。

(3)减轻剂：ZJ－P30，20%～80%(BWOC)。

(4)增强剂：ZJ－BT3。

(5)降失水剂：G11 或 G11S。

(6)缓凝剂：H11S 或 H41S，0～3%(BWOC)。

(7)促凝剂：ZJ－A96L 或 ZJ－A97L，0～6%(BWOC)。

(8)粉煤灰低温激活剂：ZJ－AJH 或 ZJ－A95S，0～6%(BWOC)。

(9)膨胀剂：ZJ－B10 或 ZJ－B20，0～3%(BWOC)。

(10)消泡剂：X60F，0.01%～0.05%(BWOC)。

如需要使用在特殊井段，需增加其他外加剂配合使用，包括以下几种材料。

(1)热稳定剂：ZJ－C82 或 ZJ－C81，0～35%(BWOC)。

(2)防漏剂：ZJ－B60 或 ZJ－B62；0～2%(BWOC)。

(3)防窜剂：胶乳 ZJ－GR，0～10%(BWOC)。

(4)密度调节剂：ZJ－J62L，0～0.8%(BWOC)。

2. 体系特点

(1)以低成本的粉煤灰为主要减轻剂，相对漂珠体系成本低。

(2)采用颗粒级配技术优化水泥体系。

(3)高压下体系密度变化小。

(4)水泥浆沉降稳定性好。

(5)具有优良的抗腐蚀性能。

(6)适合大温差长封固固井。

(7)流变好，摩阻低，利于泵送。

(8)抗污染强，水泥石强度高。

(9)水泥石韧弹性良好，射孔后能保证水泥环的良好完整性。

3. 体系边界条件

(1)体系适用密度范围：1.44～1.85g/cm^3。

(2)体系适用井底静止温度范围(BHST)：10～180℃。

(3)体系适用地层孔隙压力范围：>10 000psi。

(4)当体系加有特殊材料密度调节剂 ZJ－J62L 时，适用井底静止温度：≤110℃。

(5)当井底循环温度≤45℃时，建议加粉煤灰激活剂和早强剂。

(6)当井底循环温度>45℃时，无需加粉煤灰激活剂和早强剂。

4. 体系使用注意事项

(1)为防止水泥石收缩，建议体系加入 1%～3%的膨胀剂。

(2)加有纤维的体系，注意混完浆后再加入，同时注意量的控制，防止增稠和堵泵。

(3)加有胶乳的粉煤灰体系,注意消泡,在室内配浆转速不得高于 4 000r/min。

第三节　低温填充水泥浆体系

一、体系综述

低温填充水泥浆体系以低温水化性能良好的特种水泥为胶结材料,辅以相配伍的外加剂配制而成。该体系在低温(5℃)条件下强度发展良好,适用于深水表层固井。

1. 水泥浆组成

(1)水泥:波兰特水泥。
(2)降失水剂:ZJ-G83L,加量 3%～5%。
(3)分散剂:ZJ-F41L,加量 1%～5%。
(4)消泡剂:X60F,加量 0.05%～0.3%。
根据具体要求可加入其他外加剂。
(1)缓凝剂:H11S,加量 0.1%～2%。
(2)早强剂:ZJ-A90L,加量 1%～5%。
以及其他外加剂。

2. 水泥浆使用、维护要求

(1)水泥和漂珠的比例对水泥浆的性能影响较大,根据实验结果适当调整两者的比例。
(2)水泥浆体系较稠,适当增加分散剂的加量。
(3)考虑多种情况,测试水泥浆的稠化时间,保证施工安全。
(4)每隔 5℃测试水泥石的抗压强度。

3. 水泥浆特点

(1)具有良好的低温水化性能,在较低的温度(5℃)也有强度发展。
(2)稠化时间可调性好,对温度差异无太强的敏感性,保证了固井施工安全。
(3)随着缓凝剂的加量增加,稠化时间有规律地延长,有很好的重复性。
(4)体系稳定,水泥石上下密度差小,不收缩。
(5)体系结构简单,普通外加剂即可满足要求。
(6)该体系的不足之处是水泥浆有一定的触变性,初始稠度较高,稠化过渡时间长。
(7)适用于深水低温表层套管的固井施工。

4. 典型水泥配方性能

配方:100%水泥+20%P61+4.8%PC-F41L+5%G83L+3%A90L+0.35%X61L+63.33%SW。

低温低密度高强水泥浆性能见表5-1。

表5-1　低温低密度高强水泥浆性能

密度(g/cm^3)	温度(℃)	初始稠度(Bc)	稠化时间(h:min)	游离液(%)	API失水量(mL)
1.45	30/20	35	5:19	0	36
六速旋转黏度计读数(30℃养护1h)					
600r/min	300r/min	200r/min	100r/min	60r/min	30r/min
240	155	121	82	47	37
抗压强度(24h,MPa)					
5℃	10℃	15℃	20℃	25℃	30℃
0/24h 3.7/48h	1.9/24h 7.9/48h	5.0	6.2	9.5	11.4

第四节　中低温水泥浆体系

一、体系综述

中低温水泥浆体系是以聚乙烯醇(PVA)类降失水剂为主剂配制而成的体系，具有防气窜好、价格低的特点，有预交联型、抗污染型、防冻型等类型，适合于不同的条件，最高使用温度120℃。该水泥浆体系主要通过交联作用形成贯穿整个体系的交联网络，在水泥与地层间存在一定压差时，在界面处形成一层致密坚韧的滤膜，降低了水泥浆的失水，同时也有效地阻止气窜的发生。

1. 中低温水泥浆体系的组成

(1)油井水泥：G级。

(2)降失水剂：ZJ-G70L、ZJ-G71L、ZJ-G72L，加量3%～9%。

(3)分散剂：ZJ-F41L、ZJ-F44L，加量0.3%～2.5%。

(4)消泡剂：X60F、ZJ-X61L，加量0.05%～0.3%。

根据对水泥浆性能的具体要求，可向水泥浆中加入以下可选材料。

(1)缓凝剂：H11S。

(2)促凝剂：ZJ-A90L。

(3)膨胀剂：ZJ-B10。

(4)防气窜剂：ZJ-GS1。

(5)交联剂：ZJ-J10S、ZJ-J12L。

以及其他外加剂。

2. 体系使用、维护要求

(1)使用温度不超过 110℃。

(2)存在门限加量,必须大于 5%(BWOC)以上才能控制好失水量。

(3)有轻微的触变性,适当提高分散剂的加量。

(4)加入微膨胀剂防止水泥石收缩。

(5)抗污染能力差,配混合水时注意不要被其他液体污染,注水泥时使用良好的冲洗液、隔离液,防止水泥浆被污染。

3. 水泥浆体系特点

(1)水泥浆体系适用于 30～100℃井况。

(2)API 失水量可控制在 50mL 以内。

(3)有一定的抗盐能力,能用海水配浆。

(4)稠化时间可调,抗压强度高,适应各种水泥浆密度,而且沉降稳定性良好。

(5)通过与特殊的调凝剂复配,可使过渡时间小于 10min,呈直角稠化。

(6)具有良好的防漏、防气窜性和非渗透性。

(7)价格便宜,性能比较稳定。

(8)适用于低温、中温井段,易窜、易漏失地层,调整井固井施工。

4. 典型配方性能

配方:100%水泥+0.3%X60F+0.3%ZJ-F41L+3%ZJ-G71L+0.25%H11S+41.3%海水。

聚乙烯醇水泥浆性能见表 5-2。

表 5-2　聚乙烯醇水泥浆性能表

密度(g/cm^3)	井底静止温度(℃)	井底循环温度(℃)	稠化时间(min)	API 失水量(mL)	12h 抗压强度(MPa)	24h 抗压强度(MPa)
1.93	61	46	133	<50	15.46	21.45

第五节　耐高温水泥浆体系

一、体系综述

耐高温水泥浆体系以 ZJ-G80L、ZJ-G83L 等 AMPS 类降失水剂为主剂,辅以相配伍的其他外加剂配制而成。AMPS 降失水剂是以 AMPS(2-丙烯酰胺基-2-甲基丙磺酸)为主要单体的二元或多元共聚物材料，具有抗温、抗盐、体系稳定的特点。向聚合物水泥浆中加入具有特殊功能的外加剂可以配成有相应功能的水泥浆体系，以适应不同高温井况的固井需求。

1. 耐高温水泥浆体系的组成

(1)油井水泥：G 级。
(2)降失水剂：ZJ－G80L、ZJ－G83L、ZJ－G84L 等，加量 3%～6%(BWOC)。
(3)分散剂：ZJ－F41L、ZJ－F44L，加量 0.3%～2.5%。
(4)消泡剂：X60F、ZJ－X61L，加量 0.05%～0.3%。
(5)混浆水：淡水或海水。
根据对水泥浆性能的要求，可向水泥浆中加入可选材料。
(1)缓凝剂：H11S、ZJ－H32L、ZJ－H34L 等。
(2)促凝剂：ZJ－A90L、ZJ－A93L。
(3)膨胀剂：ZJ－B10、ZJ－B40、ZJ－B60 等。
(4)防气窜剂：ZJ－GS1、ZJ－GS2。
(5)外掺料：ZJ－P61、ZJ－C81L、ZJ－C82L 等。
以及其他外加剂。

2. 体系使用、维护要点

(1)30～110℃推荐使用 H11S、ZJ－H32L 中温缓凝剂，加量 0.3%～2%。
(2)温度高于 110℃时推荐使用与降失水剂相配伍的 ZJ－H34L 等高温缓凝剂，加量 1%～5%。
(3)30～110℃的海水水泥浆体系推荐使用 ZJ－G80L、ZJ－G83L。
(4)温度高于 110℃的体系推荐用 ZJ－G84L，并用淡水配浆。
(5)流变性好的情况下，可以不使用分散剂。
(6)在 80～90℃存在自缓凝现象，要进行温度敏感实验评价。

3. 水泥浆特点

(1)良好的失水控制性能，零游离液。
(2)优秀的抗温抗盐能力。
(3)很好的普适性，可在循环温度 26～180℃的范围内使用。
(4)具有良好的分散作用，在一些情况下，不加分散剂，也有良好的流变性。
(5)抗污染能力强。
(6)水泥石强度发展好。
(7)可以与其他外加剂配伍制成具有特殊功能的水泥浆体系。

4. 典型水泥浆配方性能

配方：100%G 级水泥＋淡水＋4%～5%降失水剂＋0.25%～0.8%CH25S 缓凝剂＋0.8%消泡剂。

聚合物水泥浆性能见表 5－3。

表 5－3 聚合物水泥浆性能表

密度 (g/cm^3)	温度 (℃)	稠化时间 (min)	流变性 $\theta_{600}/\theta_{300}/\theta_{200}/\theta_{100}/\theta_6/\theta_3$	API 失水量 (mL)	抗压强度 (MPa)
1.9	180	224	208/130/95/55/8/4	62.8	34.6

第六节 防气窜水泥浆体系

一、体系综述

防气窜水泥浆体系是将 AMPS 聚合物与胶乳结合配制而成的水泥浆体系。这种水泥浆兼有聚合物水泥浆和胶乳水泥浆的优点，具有更好的性能，可适用于较复杂的地层固井。聚合物对水泥颗粒的吸附作用和胶乳颗粒对水泥空隙的填充作用共同起作用，使体系具有更好的防气窜和降失水性能，水泥石更加致密，渗透率更低，能有效提高固井质量、延长油井使用寿命。

1. 水泥浆组成

(1)油井水泥：G 级。
(2)降失水剂：ZJ－G83L、ZJ－G84L，加量 3%～5%。
(3)胶乳：ZJ－GR1，加量 4%～15%。
(4)分散剂：ZJ－F41L、ZJ－F44L，加量 0.3%～2.0%。
(5)消泡剂：ZJ－X88L，加量 0.05%～0.3%。
根据对水泥浆性能的具体要求，可向水泥浆中加入以下可选材料。
(1)缓凝剂：ZJ－H30S、H11S、ZJ－H32L、ZJ－H34L。
(2)稳定剂：ZJ－J50S。
(3)促凝剂：ZJ－A90L、ZJ－A93L。
(4)膨胀剂：ZJ－B10、ZJ－B40。
(5)防腐剂：ZJ－B80。
(6)外掺料：ZJ－C81、ZJ－C82。
以及其他外加剂。

2. 体系使用、维护要点

(1)使用温度 35～150℃。
(2)普通消泡剂不适用，选用专用胶乳消泡剂。
(3)不推荐用海水或盐水配浆。

(4)注意检查与泥浆的相容性,使用前做相容性实验。
(5)为防止水泥石的收缩,可考虑加入一定量的微膨胀剂。
(6)加入防腐材料可用于高含硫气井、防二氧化碳腐蚀固井。

3. 水泥浆特点

(1)良好的降失水和防气窜性能。
(2)水泥石较致密,具有良好的非渗透性。
(3)水泥浆稳定性好,上下密度差小。
(4)适用于气井、调整井、易气窜井、特殊井、复杂井等固井。

4. 典型水泥浆性能配方

配方:100%G 级水泥+35%硅粉+3%ZJ-G83L+10%ZJ-GR6+1%ZJ-F41L+ZJ-H30S+0.5%ZJ-J50S+ZJ-X62L。

聚合物胶乳水泥浆性能见表 5-4。

表 5-4　聚合物胶乳水泥浆性能表

密度 (g/cm^3)	温度 (℃)	稠化时间 (h:min)	API 失水量 (mL)	24h 抗压强度 (MPa)
1.9	150	5:18	35.7	22.3

第七节　高比重水泥浆体系

一、体系综述

室内高比重水泥浆体系,最高密度可达 $3.1g/cm^3$。它主要是以聚合物类降失水剂为主剂,以特殊打磨处理的不同目数的铁矿粉为加重材料,辅以增强材料和多种外加剂配制而成,具有密度高、流动度大、沉降稳定性好、强度高的特点。体系以线性堆积模型和固体悬浮模型为基础,以紧密堆积技术为基本理论,提高了单位体积水泥浆中固相,增强了水泥石的致密性;优选合理材料,减少物料颗粒间的充填水和表面的润滑水,使水泥浆有良好的流变性,改善了水泥浆的整体性能。在特殊外加剂的辅助下,如防窜剂及堵漏剂的配合下,高密度体系同时具有低温防窜和渗透性砂岩地层的防漏失功能。

1. 体系组成

低密度填充水泥浆体系水泥浆主要是以聚合物降失水剂为主剂,以特殊处理过的不同目数的铁矿粉(密度可达 $6.2g/cm^3$)为加重材料,辅以防窜、防漏材料和多种外加剂配制而成,具体包括以下几种材料。

(1)油井水泥:G 级。

(2)配浆水:淡水。

(3)加重剂:ZJ - CDX。

(4)防窜剂:ZJ - GS12S。

(5)防漏剂:无机纤维 ZJ - B62。

(6)降失水剂:ZJ - G80L 或 G11。

(7)缓凝剂:H11S 或 ZJ - H63L。

(8)稳定剂:ZJ - STAB。

(9)分散剂:ZJ - F46L。

(10)热稳定剂:ZJ - C82 或 ZJ - C81。

(11)消泡剂:X60F。

2. 体系特点

(1)较好的流动度:≥20cm。

(2)很好的沉降稳定性,上下密度差:<0.06g/cm^3。

(3)无自由液。

(4)稠化时间 120～480min 可调,满足循环温度 40～160℃的施工时间要求。

(5)具有较好的中低温及高温防窜性能,稠化过渡时间:≤30min;UCA 胶凝强度从 100 到 500lb/100FT2 过渡时间:<20min。

(6)较高的抗压强度(24h):封固段底部≥14MPa,封固段上部≥10MPa(温度差异 20℃)。

3. 典型水泥配方性能

水泥浆配方:100%JH G 级水泥+270%CDX 加重剂+76%淡水+7%CM80L 降失水剂+5%CK46L 分散剂+2.8%H63L 缓凝剂+35%硅粉+3%GS01S 防气窜剂+0.25%ZJ - STAB。

水泥浆基本性能见表 5 - 5,水泥浆流变性能见表 5 - 6。

表 5 - 5　水泥浆基本性能

H63L - H 加量	密度 (g/cm^3)	沉降稳定性	自由液 (mL)	API 失水量 (mL)	抗压强度/养护温度 (MPa/℃/h)	稠化时间/温度 (min/℃)
2.5%	2.80	无沉淀	0	30/90℃	—	269/135
2.7%	2.80	无沉淀	0	38/90℃	6.6/140/24	233/140
2.8%	2.80	无沉淀	0	40/90℃	17.7/160/24	250/140

表 5 - 6　水泥浆流变参数

600r/min	300r/min	200r/min	100r/min	60r/min	30r/min	6r/min	3r/min
>300	269	196	108	69	38	9	6

第八节　前置液体系

一、体系综述

1. 常用清洗液体系

1)ZJ－W21L 清洗液

ZJ－W10L 清洗液系普通型清洗液，主要在使用水基泥浆的井内使用。

2)ZJ－W14L 清洗液

ZJ－W20L 清洗液系普通型清洗液，主要在使用油基泥浆的井内使用。

3)ZJ－W14L 清洗液

ZJ－W20L 清洗液系普通型清洗液，具有防止井壁坍塌功能。

4)ZJ－W30L 清洗液

ZJ－W30L 清洗液系双作用冲洗液，具有冲洗和隔离功能，主要在使用高密度水泥浆的井中使用。

2. 常用隔离液体系

1)ZJ－S23S 隔离液体系

ZJ－S23S 隔离液能很好地提高液相黏度，有效隔离钻井液与水泥浆。

2)ZJ－S22S 隔离液体系

ZJ－S22S 隔离液同时具有冲洗和隔离功能，有效冲洗井壁及隔离钻井液与水泥浆。

3)ZJ－SYS 隔离液体系

ZJ－SYS 隔离液同时具有冲洗和隔离功能，有效冲洗井壁及隔离钻井液与水泥浆，主要在使用高密度水泥浆的井中使用。

3. 前置液组成

1)配方组成

(1)钻井水：F/W。

(2)消泡剂：X60F。

(3)隔离剂：ZJ－J11S。

(4)冲洗液：ZJ－W21L。

(5)重晶石：Barite。

2)特点

隔离液的成分不只局限于以上材料，应根据现场情况添加、更改或删除部分材料，使其性能达到要求。它的特点如下：

(1)通过调整重晶石的加量可以调整隔离液密度范围：1.2～1.8g/cm^3。

(2)通过调整隔离剂的加量可以调整隔离液漏斗黏度。

(3)有效隔开钻井液与水泥浆,防止两者相互接触污染。

(4)与钻井液的相容性好,能够稀释钻井液,降低钻井液的黏度和切力。

(5)与水泥浆的相容性好,水泥浆不发生变稠、絮凝、闪凝等现象。

(6)对固相具有一定的悬浮能力,既可以悬浮加重剂,有利于隔离液体系稳定,又可防止钻井液固体颗粒及冲刷下来的泥饼沉降和堆积。

(7)具有一定的控制失水能力,失水量可控制小于150mL/30min,7MPa,以控制井下不稳定地层,防止井壁坍塌。

3)典型配方性能

基本配方:100gF/W+0.5gX60F+5.3gZJ-SYS+5gZJ-W14L+76.7gBarite。

ZJ-SYS隔离液性能见表5-7。

表5-7　ZJ-SYS隔离液性能表

密度(g/mL)	BHCT(℃)	不加冲洗液漏斗黏度(s)	加冲洗液漏斗黏度(s)	30min失水量/7MPa(mL)
1.45	55	98	93	75

第六章　固井液设计及性能标准

第一节　相关机理

一、水泥浆概括

1. 水泥浆失重机理

依据水泥的胶凝特性，水泥浆的失重可划分为以下 3 个阶段。

(1)水泥浆液柱初始压力逐渐下降至等高度水柱压力。在这一阶段中水泥浆胶凝强度增长存在一个加速点。这一点之前，水泥浆胶凝强度增长较慢，之后增长迅速。而与此同时，水化体积收缩率却很小。当水泥浆静置后，由于形成凝聚网架结构，胶凝强度随之增长。在胶凝强度增长加速点之前，水泥浆柱的部分质量逐渐地被悬挂在井壁和套管外壁上，并随着水泥浆胶凝强度的增长，水化体积收缩也同时增大，导致原有压力的下降，直至水泥柱对地层的压力转换成孔隙压力的形式存在。但此时孔隙压力不会因水泥柱质量全部被悬挂而变为零。这是由于水泥的胶凝发生急剧的变化，而把加速变化点前的水泥浆柱的剩余液相压力圈闭保持在结构孔隙中。最后，水泥柱的孔隙压力将随微小的水化体积收缩而逐渐降低。

(2)水泥浆液柱压力略低于等高度水柱压力而缓慢降低阶段，该压力降低阶段接近水泥浆初凝前的一段时间。这段时间水泥的胶凝强度继续迅速增长，但水化体积收缩变化率仍不大，水泥水化作用释放出大量热能，水泥浆柱的孔隙压力主要受水化体积收缩与水化放热微膨胀的共同作用影响。由于水化体积收缩略大于热微膨胀，因此，此阶段的孔隙压降较慢而平缓。

(3)从水泥浆柱孔隙压力略低于等高度水柱压力加速下降至负压的这段时间，水泥的结构强度迅速增强，同时水化体积收缩也迅速增大。因此，这一期间水泥柱的孔隙压力直接随水化体积减小而迅速下降。在密封容器中水泥柱自身的孔隙压力就会出现负值。

以上就是水泥浆胶凝失重的实质。其胶凝失重的原因可归纳为：在水泥浆胶凝强度增长加速点之前，胶凝失重的产生是由胶凝悬挂和水化体积收缩同时作用的结果；加速点之后，导致水泥柱孔隙压力降低的直接原因是水泥水化体积收缩。

2. 水泥浆气侵机理

从失重的原因分析可知，水泥浆在凝固过程中的失重现象是客观存在的，但是，水泥浆失重并不一定会发生气侵。这是由水泥浆凝固过程中的传压方式和气侵的方式决定的。

1)水泥浆凝固过程中的传压方式

注入井内的水泥浆必然经历从液态转变为固态的过程,在这个过程中,水泥浆既不是纯粹的液体,也不是纯粹的固体。水泥浆柱对地层的作用压力的大小随浆体由液态向固态转化而变化。这种作用压力的变化决定于水泥浆传压方式的变化。水泥浆的传压方式可分为以下3种形式。

(1)液态传压:水泥浆在泵送过程中,可视为一种悬浊液体。此时,水泥颗粒处于分散水化状态,由于受到流动剪切力的作用,水泥颗粒、胶体粒子相互间不能形成网状结构,因此水泥浆仍保持液态的传压能力。

(2)塑性态孔隙传压:水泥浆静止后,水泥颗粒、胶体粒子相互作用逐渐形成胶凝结构,并与套管壁和井壁搭接产生悬挂作用。随着水化的继续,凝聚网架结构不断增强,水泥浆自重的一部分逐渐被悬挂在套管壁和井壁上。在此期间,水泥浆柱对压力由水泥浆液体逐渐转变为连通的孔隙液相传递。传压能力取决于凝聚网架结构的强度。

(3)固态孔隙传压:塑性态传压后期,水泥浆体系内胶体粒子显著增加而结晶析出,形成结晶网架结构,随着大量晶体相互交错紧密联结,结构强度迅速增强,体系内毛细孔隙将逐渐减小,孔隙间的连通性也变差,孔隙液相被圈闭,压力以固相毛细孔隙的方式传递。

2)气侵的方式

在实际井眼环空中,可能产生的气侵方式有自由水通道、孔隙通道、连接套管和地层界面缺陷(泥饼干裂、微环隙)。

由上述分析可知,水泥浆在未丧失流动性之前以及初凝后,一般情况下气侵很难发生,但水泥浆从塑性状态向固态转变过程中却有可能发生气侵,而此时水泥基体最薄弱的地方是结构孔隙(浆体内部缺陷和交接界面缺陷除外)。从提高水泥浆防窜能力的角度出发,弥补水泥浆失重和增加气窜阻力主要应该在:水泥浆静止后,液柱压力降至等高度水柱压力之前,传压方式为塑性态孔隙传递时期。因此,要防止因水泥浆失重发生的气侵,必须满足以下关系:

孔隙压力(包括添加剂产生的附加压力)+孔隙流动阻力>气层压力

3. 泥浆钙化机理

绝大多数钻井液,不论是水基钻井液,还是油基钻井液,与水泥浆都是不相容的。在固井施工中,水泥浆水化过程中产生的 $Ca(OH)_2$ 将溶解于水中,离解出 Ca^{2+}。如果水泥浆与钻井液直接接触,按照离子交换的吸附原理,Ca^{2+} 将置换吸附在黏土表面上的 Na^{+},使钠质黏土转换为钙质黏土。Ca^{2+} 的黏土表面的吸附力大于 Na^{+},即不容易解离,这样黏土颗粒间斥力减少,聚结分散平衡向着聚结的方向变化,使黏土颗粒变粗,黏度、切力增加,网状结构加强。同时,钠膨润土转变为钙膨润土后,黏土颗粒的水化程度降低,水化膜变薄,使颗粒容易聚结合并,而形成黏稠团块的絮凝物质。这将会影响水泥浆的性能,进而影响固井质量。

第二节　影响水泥浆及水泥石的因素

一、影响因素

1. 油井水泥的矿物成分、水泥颗粒大小、水泥老化程度

详见第二章内容。

2. 温度和压力

在所有影响因素中，温度是最重要的因素。一般说来，用同一种缓凝剂配制的水泥浆，随着温度升高，稠化时间缩短。为了保持一定的稠化时间，随着温度的升高，缓凝剂的加量也要加大。但当温度高于某一值时，缓凝剂的加量再大也不会延长稠化时间。每一种缓凝剂都有加量范围和适应温度范围，要特别注意。

当温度高于 110℃时，所有硅酸盐油井水泥都要发生强度衰退，渗透率增加，掺有缓凝剂和高含水量的水泥浆这种高温强度衰退的现象尤为严重。解决办法是在水泥中加 30%～40%的砂。

大量的试验数据表明，从常压到 20.7MPa 范围内，压力对水泥浆的稠化时间和水泥石的影响较大，但当压力提高时，影响较小。

3. 水灰比

水灰比越大，水泥浆的密度越低。一般情况下，如果调凝剂干混，水灰比增大，稠化时间增长。但如果调凝剂配成水后再配浆，水灰比变化对水泥浆性能的影响就比较复杂。对促凝水泥浆来说，水灰比增大，单位体积内的水泥量减少(延长水泥浆的稠化时间)，促凝剂的量增大(缩短水泥浆的稠化时间)，水泥浆的稠化时间变化存在 3 种可能：变化很小、变短和变长。对缓凝水泥浆来说，水灰比增大，单位体积内的水泥量减少，缓凝剂的量增大，水泥浆的稠化时间总是延长。水泥浆的黏度、动切力随水灰比增大而减小。当水灰比超过某一数值时，水泥石的强度急剧下降。

4. 配浆水

配浆水中的杂物主要来源有：从农田排出雨水中所溶解的肥料、河流中的污染物、土壤中固有的可溶化合物。

无机盐类(氯化物、硫酸盐、氢氧化物、碳酸盐和碳酸氢盐)可加速水泥凝结。天然水中含有植物分解、污染排出物或肥料等产生的有机化合物，对硅酸盐水泥起缓凝作用。

5. 混配方式

搅拌速度越快，水泥浆的稠化时间越短，失水量越小，塑性黏度(PV)越小，动切力先降后升。

6. 外加剂

常用外加剂对水泥浆和水泥石的性能影响见表 6 - 1。

表 6 - 1　常用外加剂对水泥浆和水泥石的性能影响

性能	影响	搬土	砂	加重剂	速凝剂	氯化钠	缓凝剂	分散剂	降失水剂	防漏剂
密度	降低	√								
	提高		√	√		√				
需水量	少							√		
	多	√	√	√						√
黏度	减少				√	√	√	√		
	增加	√	√	√						√
稠化时间	加快				√	√				
	延缓	√				√	√	√	√	
早期强度	减少	√					√		√	√
	增加				√	√		√		
最终强度	减少	√		√					√	√
	增加						√	√		
耐久性	减少	√								√
	增加									
失水量	减少	√					√	√	√	√
	增加									

7. 泥浆污染

泥浆对水泥浆和水泥石性能的影响见表 6 - 2。

表 6 - 2　泥浆对水泥浆和水泥石性能的影响

处理剂	目的	对水泥的影响
硫酸钡	加重	降低强度
碱	调 pH	速凝
防漏剂(碎屑、纤维、橡胶)	堵漏	缓凝
减阻剂(丹宁、木质素磺酸盐)	分散	缓凝
乳化剂	形成油包水或水包油泥浆	缓凝
杀菌剂	防细菌分解	缓凝
降失水剂(CMC、木质素磺酸盐、淀粉)	降失水	缓凝

8. 地下流体腐蚀

含有硫酸钠、硫酸镁和氧化镁的地层水对水泥石的腐蚀严重。它与水泥石中的石灰和铝酸三钙反应生成体积较大的硫铝酸钙晶体。而水泥石内并不能提供这些晶体所需要占有的较大孔隙空间，于是它们便促使水泥石过分膨胀而破裂。因此海上一般使用高抗硫酸盐水泥。

CO_2 作为石油和天然气的伴生气存在于油气层或地层水中，当环境相对湿度大于 50% 时，CO_2 溶于水，产生 HCO_3^-，HCO_3^- 与水泥的水化产物接触，生成 $CaCO_3$；$CaCO_3$ 与 HCO_3^- 进一步反应，生成没有胶结强度的 $Ca(HCO_3)_2$。

第三节　水泥浆设计

一、水泥浆设计要求

1. 密度

水泥浆密度是一个重要参数，主要由水泥、水、外加剂和外掺料的比例控制。水泥浆密度的设计因素主要有两个方面。

1)工程设计上

为了满足施工安全，提高水泥浆的固结质量，通常需要考虑以下 3 个方面的因素。

(1)满足井下压力条件限制。静液柱压力必须大于地层孔隙压力，静液柱压力与流动阻力之和必须小于地层破裂压力。

(2)满足顶替效率的密度差要求：领浆＞前置液＞钻井液。可能的条件下，考虑密度差后者比前者大 10%以上，通常为 0.12～0.24g/cm³，但密度越大，流动阻力也越大。一般情况下，尾浆密度＞领浆密度。但在长封固作业中，为了提高泥浆顶替效率，减少由于温差大而导致顶部水泥浆强度发展太慢，也常采用领浆密度＞尾浆密度的双凝水泥浆设计。

(3)满足水泥石强度和胶结要求。对于尾浆，特别是封隔油气层段的水泥浆，应尽量使用标准密度(也有利于降低渗透率和孔隙度)。非胶凝材料加重剂和减轻剂应尽量少加。对于领浆，特别是不用封隔油气层段的水泥浆，可采用搬土充填浆，降低液柱压力，加快现场施工的混注速度，降低材料成本。

2)配方调节上

水泥浆密度设计在满足固井施工安全的同时，还需要全面平衡水泥浆的综合性能。可通过提高水泥浆的密度来提高水泥石强度，缩短水泥浆的稠化时间，降低水泥浆的自由水含量；可通过降低水泥浆的密度，改善水泥浆的可泵性。

调节水泥浆密度的措施主要有以下两种。

(1)用水量。由于水的密度较低，用水量越大，水泥浆的密度越低，浆体流动性越好，但稳定性越差。

最大用水量：水泥浆在常压稠度仪中搅拌 20min 后，其游离液量为 1.5%的用水量。

最小用水量：水泥浆在常压稠度仪中搅拌 20min 后，其常压稠度值为 30Bc 的用水量。

常用水量：水泥浆在常压稠度仪中搅拌 20min 后，常压稠度值为 11Bc 的用水量。

在配制水泥浆时应满足两个指标，稠度和游离水含量。对它们的要求是随不同的注水泥类型而改变的。这与油井水泥的质量检验是两个概念（如标准规定，任何水泥浆在增压稠化仪中稠化 15～30min 的最大稠度应小于 30Bc，对于 G 级和 H 级水泥，游离水质量分数还应小于 1.4%）。

一般作为领浆使用的低密度充填水泥浆用最大用水量，尾浆和标准水泥浆用常用水量，塞流注水泥用最小用水量，水平井和高压气井注水泥除要求常压稠度值 11Bc 外，还要求游离液几乎为零。

（2）加入外加剂和外掺料。水泥浆的正常密度范围是 1.78～1.98g/cm^3。低密度水泥：加减轻剂，主要有空心微珠、硅灰、粉煤灰、硅藻土、水玻璃、膨润土等。高密度水泥：加分散剂减水和加重剂，加重剂主要有重晶石、钛铁矿粉、铁矿粉、盐等。

2. 沉降稳定性

实践已证明，水泥浆的配方设计不合理，容易造成水泥浆固相颗粒沉降，析出自由水，导致套管环空桥堵或油气水窜流通道，特别是水平井和大斜度井更容易在井眼上侧形成连通的自由水带和在下侧形成固相沉降垫层引起窜槽。

1）沉降稳定性的表示方法

水泥浆的稳定性一般可用游离水量（水泥石的体积收缩量）、旋转黏度计转速递增和递减次序所测的同一转速下读数的比值、水泥柱的纵向密度分布来表示。

实际应用中，只要存在上述情况之一，都认为水泥浆是不稳定的，即垂直水泥柱存在较大的密度梯度，和/或水泥浆静止 2h 游离出较多的自由水。这两种现象可以单独发生，也可以同时出现。

2）提高沉降稳定性的方法

理论研究结果表明：保持水泥浆稳定的最小静切力τ_s与密度差（$\rho_0-\rho_s$）和粒径均方 d^2 成正比，与浆体塑性黏度 η_s 成反比。因此，提高水泥浆稳定性就是降低游离水量和沉降量，主要方法是增加浆体黏度和静切力，合理级配外掺料。

（1）增加水泥浆黏度的方法：减少用水量（增加水泥或减轻剂）、增加固相物粒度、加入增粘聚合物（一般受温度影响大）。

（2）增加水泥浆静切力（胶凝强度）的方法：一般可加入 $AlCl_3$、$FeCl_3$ 和 $Al_2(SO_4)_3$ 等。

（c）合理级配外掺料的方法：对于高密度水泥浆，颗粒太粗易使水泥浆产生沉淀，太细会增加水泥浆黏度。加重剂和热稳定剂的通常加量如下。

水泥浆密度 2.10g/cm^3：加重剂 0～50%，热稳定剂 35%。

水泥浆密度 2.20g/cm^3：加重剂约 50%，热稳定剂 35%。

水泥浆密度 2.30g/cm^3：加重剂 150%，热稳定剂 35%。

水泥浆密度 2.40g/cm^3：加重剂 170%，热稳定剂 35%。

水泥浆密度 2.50g/cm^3：加重剂 200%，热稳定剂 35%。

水泥浆密度 2.60g/cm^3：加重剂 300%，热稳定剂 35%。

3)应注意的主要问题

(1)应区分胶凝与絮凝的概念。从流变学角度来看，胶凝是由静止而产生的触变性，施加外力即可恢复流动；而絮凝则是生成具有结构性的絮凝物，施加外力不能分散流动，只能整体移动。从化学角度来看，胶凝是生成具有胶体结构的凝胶；絮凝则是生成沉淀物。

(2)应注意静切力提高值应适当。要充分估计停泵一定时间内能开泵循环和不压漏地层。

3.流变性

流变参数是描述水泥浆在外力作用下产生流动的特点的参数。它的合理描述和准确测量直接影响准确计算注水泥过程的流动摩阻压力和有利于提高顶替效率的合理泵速。

常用流变模式参数有：PV、YP(宾汉)，n、k(幂律)，YP、n、k(赫-巴)等。

1)流变性能的影响因素

水泥浆的流变学性质，不仅受其本身水化过程的影响，还受温度、压力、剪切时间、水灰比、外掺料和外加剂等的影响。

(1)温度的影响：一般情况下，温度对水泥浆流变性能有很显著的影响，其影响的程度往往与外加剂体系有关。温度越高，PV、YP 越低。

(2)压力的影响：一般情况下，压力对流变性能的影响不如温度明显。

(3)密度的影响：随密度的增加对水泥浆的流变性能有较明显的影响。

2)提高顶替效率的水泥浆设计方法

水泥浆的稠度应与顶替流态相匹配。

大环空固井，宜用初始稠度大于 15Bc 的水泥浆。在进入关键层段上下 50m 慢速替浆，环空返速在 0.2～0.35m/s 范围内容易处于塞流状态，有利于提高顶替效率。

小间隙固井，宜用容易紊流的水泥浆，使得水泥浆在环空返速小于 1.2m/s 时就能达到紊流状态。

4.水泥浆滤失量

1)滤失量的 API 标准

水泥浆中的自由水在压差作用下，通过井壁渗入到地层中的现象。

API 根据大量实践和研究，总结出了公认的滤失量控制情况。

(1)控制很好：<200mL。

(2)控制中等：200～500mL。

(3)控制较差：500～1 000mL。

(4)不能控制：>1 000mL。

1982 年 Smith 指出，在 6.9MPa 下，不同用途的水泥浆的滤失量应达到以下要求。

(1)防气窜：30～50mL/30min。

(2)固尾管和挤水泥：≤50mL/30min。

(3)固套管：≤250mL/30min。

(4)防窜水泥浆和大斜度固井水泥浆在 BHST 下测定，其余在 BHCT 下测定。

2)降低滤失量的目的

降低水泥浆的滤失量，能防止因渗透性地层的滤失作用引起施工事故和油气层的损害。

防止施工事故。水泥浆滤失量过大，会造成以下情况。

(1)生成过厚的泥饼，泵压增加，可能憋漏地层。

(2)过早地脱水，有瞬凝的危险。

(3)缩短稠化时间，导致过早凝结。

(4)降低水泥石强度。

(5)环空桥塞，产生层间窜流。

防止油气层损害。水泥浆滤失的滤液所造成的对油气层的损害，是需要长期关注的问题。

(1)滤液侵入使黏土膨胀、絮凝及坍塌。

(2)与地层水反应生成沉淀。

(3)与钻井液滤液反应生成沉淀。

降低滤失量的方法。在油气井注水泥中，降低水泥浆滤失量的方法有以下几种。

(1)降低水灰比，减少自由水。

(2)改善水泥浆固相颗粒的粒度级配，增加微米级细颗粒的含量。

(3)加入降失水剂：增加水的黏度，迅速形成致密泥饼。

值得注意的是：选择能迅速生成泥饼而不明显增加黏度的材料作为降失水剂最好。典型的有胶乳和非渗透剂。

5. 稠化时间

在注水泥施工中，由于水泥颗粒的不断水化，水泥浆的黏度将逐渐增加，直至增稠至不能流动。为了保证注水泥作业的施工安全，必须事先测定水泥浆在与井内相同温度和压力下的稠化时间，作为施工作业时间的依据。

1)可泵性与稠度

对水泥浆的可泵性与稠度的关系，目前仍然说法不一，但一般认为有以下几种。

容易泵注：5～20Bc。

不易泵注：20～30Bc。

难于泵注：30～40Bc。

不能泵注：＞40Bc(也有认为高密度时可放宽至＞50Bc)。

易沉降，伴有自由水：＜5Bc(也有认为＜2Bc)。

值得注意：说法虽不一，并无妨碍，因用稠度描述可泵性只是定性的，实际施工中是以流变性作定量设计的。

2)稠化时间与初终凝时间的关系

初终凝时间是用韦卡仪在静止状态下测得的，稠化时间是用稠化仪在水泥浆始终处于运动状态下测得的。尽管所用仪器和水泥浆所处状态都不相同，但仍存在一定的关系。表 6-3 是摘录自苏联一专利的数据。

表 6-3　稠化时间与初终凝时间的关系

序号	密度 (g/cm³)	水灰比	温度×压力 (℃×MPa)	流动度 (cm)	稠化时间 (min)	初凝 (min)	终凝 (min)
1	1.82	0.5	100×40	23	130	150	170
			140×50	25	160	180	200
			160×70	27	195	210	230
			180×80	29	200	220	250
2	2.19	0.32	100×40	20	135	160	195
			160×70		175	195	220
			180×100		220	250	275
3	1.78	0.45	100×40	21	120	145	170
			140×50		140	170	200
			160×70		230	215	240

从表中数据可以看出，一般情况下，稠化时间比初凝时间提前，大约在 15～30min 之间。

国内作初凝时间一般都是在常压下进行。温度相同，压力不同时就没有这种关系。

3)防气窜与稠化时间

防气窜水泥浆，API 失水量要小于 50mL，稠化曲线过渡时间要短于 10min，水泥浆不收缩，井斜超过 30°的水泥浆游离液为零，泵送时间尽可能短，通常是施工时间加 30min 安全时间。

4)施工安全、固井质量与稠化时间

影响施工安全的最主要因素是稠化时间，而影响稠化时间最重要的因素是温度。

小间隙固井、长裸眼大斜度固井、深井水泥塞和挤水泥作业，由于水泥浆量小，与地层接触时间长，水泥浆容易加热到接近井底静止温度，因此试验温度要取高值。

相反，大环空、长封固段固井，由于水泥浆量大，冷却地层的流体多，因此试验温度要取低值。过高的温度设计的水泥浆容易造成超缓凝，使得地层流体与环空水泥浆充分置换，导致固井胶结不良。

6. 抗压强度

固井注水泥的目的之一，就是在井壁与套管之间保持良好的封隔，在正常生产时间内的任何时候，都不允许地层流体或完井液通过水泥环在环空中流动。

1)水泥石强度作用

它主要包括 3 个方面的含义：承受地层压力、支撑套管和封隔地层。

2)水泥浆的固结特性

要保证水泥石与套管和地层之间的胶结质量，达到有效封隔地层，应考虑两个胶结特性：剪切胶结力和水力胶结力。

(1)剪切胶结力：支撑套管的自重。一般通过测量水泥石与套管间开始产生移动时的作用力确定，用单位接触面积上所需作用力的大小表示。一般情况下，剪切胶结强度为抗压强度的10%～20%。

值得注意的是：水泥环达到最大剪切胶结强度的时间与养护温度有关（如20℃为7d，70℃为3d)，且最大剪切胶结强度的大小与表面粗糙度和温度有关（粗糙度增加最大胶结强度增加，温度升高最大胶结强度一般要降低)。

(2)水力胶结力：水力是阻止流体在环空中窜移的能力，一般通过测定套管与水泥环之间开始渗漏的压力确定。

对于有效封隔地层来说，水力胶结强度比剪切胶结强度的作用更大。

3)提高水泥石气密耐久性的方法

井底静止温度高于110℃时，要加30%～40%的硅粉，考虑到硅粉存在一定的杂质，最好加35%的硅粉防止硅酸盐水泥高温强度衰退。

在富含硫酸钠、硫酸镁和氧化镁的地层固井，使用高抗硫酸盐水泥，防止水泥石体积不安定引起破裂。

在富含 CO_2 地层固井，使用 CO_2 缓蚀剂和渗透率低的水泥浆固井。

第四节　水泥浆设计的风险与控制

一、水泥浆的设计

1. 水泥外加剂选择

风险：外加剂与地层不匹配、外加剂不相容会造成水泥浆早凝、脱水过快、胶结强度低等现象，引发施工安全事故和质量事故。

措施：

(1)外加剂体系要与地层相匹配。

(2)尽量考虑选择同一公司或厂家的系列产品，否则，必须进行相容性试验。

(3)缓凝剂应选择适应温度范围广，稠化时间与加量的线性好的产品。

(4)降失水剂应选择能形成致密薄泥饼的产品。

(5)分散剂应选择不起泡或消泡容易的产品。

2. 温度敏感性

风险：当井下温度处在外加剂的拐点位置时，水泥浆的性能变得难以预测，容易引发施工安全事故和质量事故。

措施：

(1)井下温度超过外加剂的适应温度上限时，应选用适应温度更高一级的产品。这样，不仅能保证设计性能要求，而且能使性能稳定可靠。

(2)井下水泥浆柱上下温度落在外加剂的拐点温度段时，需要做上下5℃的温度敏感试验，主要测量水泥浆的可泵时间和抗压强度。当温度变化5℃，水泥浆的可泵时间太短或24h强度太低时，可通过调整外加剂的比例或调整水泥浆比重改善。PC－G83L聚合物体系，在78～90℃温度段水泥浆的稠化时间和抗压强度有反转现象。即温度越高，稠化时间越长，抗压强度越低。

3. 浓度敏感性

风险：外加剂的浓度或加量对水泥浆性能太敏感时，现场施工时小量的加量误差就会引发严重的安全事故和质量事故。

措施：

(1)缓凝剂浓度与水泥浆的稠化时间成幂律函数关系、对数关系或无规则变化关系的缓凝剂不能用。浓度与稠化时间呈线性关系且较为敏感缓凝剂，要做10%的浓度误差试验。

(2)降失水剂浓度与失水出现拐点时(即高于某一加量时，失水很低；低于该加量时，失水很高)，降失水剂的加量要高于拐点加量10%以上。聚乙烯醇类降失水剂PC－70L有此特性，在重要油气层固井，尤其是高渗透地层固井要引起重视。

4. 外加剂的加入顺序

风险：有些体系，外加剂的加入顺序不同会造成水泥浆的性能差别很大，引发混合水沉淀、水泥浆早凝、水泥浆失水失控等现象。

措施：

(1)外加剂体系的加入顺序，应根据外加剂厂家的推荐，通过室内试验测定，并把确定的顺序以报告的形式告知固井作业人员，以便正确施工。

(2)通常，外加剂的加入顺序为：消泡剂、分散剂、降失水剂、膨胀剂、缓凝剂、发气剂。固体膨胀剂在黏稠的降失水剂前加入容易引起沉淀。

5. 混合水的老化

风险：对于添加剂种类较多、配浆水温度较高的混合水，当静置时间长于4h，添加剂的化学反应和物理蒸发可能引起水泥浆性能的重大改变，造成事故。

措施：

(1)室内模拟现场条件，做混合水老化稠化试验。

(2)通常把容易沉淀、容易挥发和严重影响稠化时间的缓凝剂在作业施工即将开始时加入。

6. 相容性

风险：水泥浆与原井浆、固井前置液不相容，固井时会出现水泥浆变稠憋泵、变稀沉淀、闪凝灌肠、不凝气窜等事故。

措施：

(1)钻井液、前置液和水泥浆任何一种体系改变都要做相容性试验。

(2)流变性试验，混合流体为“水泥浆/钻井液、水泥浆/隔离液和钻井液/隔离液”，推荐体积比例为95/5、75/25、50/50、25/75和5/95，以及比例为25/50/25的钻井液/隔离液/水泥浆混合流体稠化时间。

(3)稠化时间试验。混合流体为“水泥浆/隔离液”，尾管固井，还需要加做“尾浆/钻井液”的污染试验，推荐比例为95/5和75/25。

(4)抗压强度试验。混合流体为“水泥浆/隔离液”，推荐的混合比例为95/5和75/25。

(5)固相悬浮和静胶凝强度试验。用于稠化试验的浆体，当达到规定的加热时间时，读出稠度值(Bc)，然后停止搅拌。过10min后，恢复搅拌，同时观察启动瞬间胶凝强度的增长或固相沉降，显示在仪表上稠度指针有最大偏移。继续搅拌直至达到水泥基浆稠化时间的一半为止，读出稠度值(Bc)，然后停止搅拌。过10min后，恢复搅拌，同时观察启动瞬间胶凝强度的增长或固相沉降。

(6)失水试验，混合流体为“水泥浆/隔离液”，推荐的混合比例为95/5和75/25。

7. 水泥浆的可混配性

风险：实验室配置的水泥浆量小，搅拌速度高且均匀，如果混合水的溶灰速度慢、混合水或水泥浆容易沉淀，就有可能发生室内易配浆，但现场施工混配难、水泥浆密度达不到预期密度的现象。

措施：

(1)室内低速配浆，漂珠水泥用3 000r/min的搅拌速度，其他水泥用4 000r/min，要求混配600mL水泥浆的溶灰时间不超过30s。超过30s仍然有部分水泥没溶解的水泥浆配方需重新设计。

(2)配好混合水后静置10min，用刮刀或搅拌棒在混合水上部轻搅几下，下探底部没发现沉淀的配方才可用。

第五节　水泥浆设计程序

固井水泥浆的设计程序见表6－4。

表6－4　固井水泥浆的设计程序

工序	工作内容	关注内容	设计方法
确定试验条件	①温度计算	地温梯度 井深 封固段长 作业类型	查找API试验方案或计算出BHCT、BHST、TCST、TCCT，判断是不是长封固段固井； 可用两种以上方法互相核对；大环空套管固井取中低值、尾管/挤水泥/水泥塞取高值

续表 6-4

工序	工作内容	关注内容	设计方法
确定试验条件	②压力计算	井深 浆柱结构 浆体密度 作业类型	查找 API 试验方案或计算出 BHP、TOCP、起始压力
	③到达井底时间 t_1	井深 排量	计算出到达井底时间 t_1
	④水泥封固环空时间 t_2	环空水泥浆量排量	只有长水泥柱稠化试验和强度试验才需要计算
	⑤升/降温速率计算	BHCT BHST t_1/t_2	普通稠化试验只有 1 个升温速率；强度试验有 2 个升温速率；长水泥柱顶部稠化试验有 1 个升温速率和 1 个降温速率，强度试验从 TCCT 升至 TCST 需要 4h
	⑥升/降压速率计算	起始压力、BHP、t_1/t_2	—
配方设计	①密度确定	泥浆密度 地层压力 气密性要求 作业类型	薄弱层：孔隙压和坍塌压最小者＜摩阻＋静压＜破裂压力； 目的层：失重后顶部静压＞孔隙压； 密度高于隔离液 10%
	②体系选择	地层温度 作业类型 封固要求 体系特点	见第四章
	③配方设计	作业特点 封固要求 添加剂特性	见本章固井液设计； 流变性、游离液、失水、稠化时间、抗压强度、防腐和抗温等性能与作业类型和封固要求相匹配，针对性强
配方试验	①配浆试验	溶灰速度	见第一章，使用要点
	②流变性试验	顶替流态 沉淀或胶凝	见第一章，使用要点； 稠度与替速要匹配，无沉淀，水泥塞无触变胶凝
	③游离液试验	井斜	见第一章，使用要点
	④失水试验	试验温度 脱水时间	见第一章，使用要点； 小间隙、大斜度井、防气窜水泥浆用 BHST 试验

续表 6-4

工序	工作内容	关注内容	设计方法
配方试验	⑤稠化试验	长水泥柱顶部 稠化时间 过渡时间 触变情况	见第一章，使用要点
	⑥强度试验	长水泥柱顶部强度 早期强度	见第一章，使用要点
配方调整	①配方调整	固井要求 首次配方性能 添加剂特性	根据首次配方性能措施情况和影响水泥浆性能的因素，重新调整添加剂的种类、加量，必要时更换体系，调整水泥浆的密度
	②性能测试	性能改进情况	不断调整配方，不断测试没达标的项目。最终配方要测固井作业要求的相关性能指标。各项性能达到《常规固井水泥浆性能标准》
风险控制	①敏感性试验	体系资料 地层资料 施工条件	添加剂处在温度、加量的敏感区域时要做敏感试验。施工条件存在不确定性时，尤其是温度不确定时，应做敏感试验
	②相容性试验	泥浆 特殊地层流体	重点是领浆与泥浆、水泥浆和地层水的相容性
报告编写	①报告编写	试验数据	按添加剂配浆顺序填写配方
	②报告审核	试验报告	重点审核调凝剂加量，添加剂种类、密度计算、造浆率计算

第六节　常规水泥浆性能标准

1. 稠化时间

稠化时间应为注水泥浆施工时间加 60～90min 安全时间。

1)采用双凝水泥浆固井

快凝水泥浆稠化时间应为快凝水泥浆施工时间加 45min，并要求 40Bc 至 100Bc 的过渡时间少于 10～15min。

缓凝水泥浆稠化时间应为快凝水泥浆稠化时间加 90～120min。

2)采用批量混配水泥浆固井

稠化时间应为地面批量混配水泥浆的时间加注、替水泥浆施工时间加 30min。

3)常规分级固井

水泥浆稠化时间应为注、替水泥浆施工时间加 60min。

4)连续分级固井

第一级领浆(或尾浆)稠化时间应为第一级固井施工时间加分级箍打开时间加多余水泥浆循环返出地面的时间再附加 30～60min。

5)尾管固井

稠化时间应为注、替水泥浆施工时间,加倒开送入工具时间,加多余水泥浆返出井口的时间,加 60～90min 安全时间。

2. 失水量

水泥浆滤失量性能指标的设计应充分考虑到对油气层的保护、施工安全、防止固井后发生环空气窜和水泥浆沉降稳定性等因素。它包括以下几种情况。

1)技术套管固井

领浆:滤失量小于 300mL/30min • 7MPa。

尾浆:滤失量小于 150mL/30min • 7MPa。

2)生产套管及尾管固井

领浆:滤失量小于 200mL/30min • 7MPa。

尾浆:滤失量小于 100mL/30min • 7MPa。

3)井斜角超过 30°的生产套管及尾管固井

领浆:滤失量小于 150mL/30min • 7MPa。

尾浆:滤失量小于 50mL/30min • 7MPa。

4)挤水泥

(1)渗透率极低的地层($k \leqslant 3 \times 10^{-3} \mu m^2$)或漏失地层,滤失量不做要求。

(2)低渗透率的地层(k 为 $3 \times 10^{-3} \sim 100 \times 10^{-3} \mu m^2$)。

滤失量:小于 100mL/30min • 7MPa～200mL/30min • 7MPa。

(3)高渗透率的地层($k \geqslant 100 \times 10^{-3} \mu m^2$)。

滤失量:30mL/30min • 7MPa～80mL/30min • 7MPa。

注:防气窜水泥浆在 BHST 下测定,其余在 BHCT 下测定。

3. 沉降稳定性

井斜角超过 30°的定向井、大斜度井、大位移井、水平井应根据需要做水泥浆沉降稳定性试验。水泥浆密度超过 2.0g/cm³ 的井应做水泥浆沉降稳定性试验,并要求水泥石试块间密度差小于或等于 0.02g/cm³。

4. 游离液

(1)井斜角小于 30°的井游离液质量分数应不大于 1.4%。

(2)井斜角在 30°以上以及水泥浆密度在 2.0g/cm³ 以内的井,游离液在 45°倾斜下测得质量分数应在 0.2%以内。

5. 抗压强度

根据尾浆密度设计水泥浆养护 24h 的抗压强度应达到：

(1)水泥浆密度小于 1.60g/cm^3，水泥石抗压强度为不小于 8MPa。

(2)水泥浆密度在 1.60～1.85g/cm^3 之间，水泥石抗压强度不小于 14MPa。

(3)水泥浆密度在 1.85～2.0g/cm^3 之间，水泥石抗压强度不小于 20MPa。

(4)水泥浆密度超过 2.0g/cm^3，水泥石抗压强度不小于 14MPa。

(5)井底静止温度超过 110℃(含 110℃)，G 级水泥浆须混硅粉 30%～40%。当井底静止温度超过 180℃，要求水泥石养护 7d，与养护 24h 后的水泥石抗压强度相比较应无明显衰减。

(6)封固段顶部水泥石的 24～48h 抗压强度不小于 7MPa。

(7)用于开发井用的表层固井短候凝水泥浆：4h＞3.5MPa，12h＞12MPa。

6. 流变性

1)紊流顶替浆

环空返速小于 1.2m/s 水泥浆能达到紊流状态。

2)塞流顶替浆

环空返速 0.2～0.35m/s 水泥浆能处于塞流状态。

3)层流顶替浆

水泥浆的流变性能应与钻井液的流变性能有较大差异，动切力和塑性黏度应大于钻井液，而流性指数应小于钻井液。

7. 密度

1)常规水泥塞

水泥浆密度应不小于 1.90g/cm^3。

2)钻井液密度大于 1.65g/cm^3 的高压井、超高压井

裸眼井段水泥浆密度应大于钻井液密度 0.25g/cm^3。

3)有较厚盐岩层、钾盐层、复合盐岩层或石膏层固井

(1)配浆水加盐量至饱和，达到结晶盐开始沉淀，它的密度在 1.18～1.20g/cm^3 之间。

(2)控制饱和盐水水泥浆密度在 2.0～2.3g/cm^3 之间。

第七节　常规前置液性能标准

1. 冲洗液性能标准

有很低的黏度。基浆流型应接近牛顿流型，在井底循环温度下，有很低的紊流临界返速，一般在 0.3～0.5m/s 或更低，用于紊流顶替。

能明显降低钻井液的黏度和切力。特别是化学型冲洗液对环空滞留的静止钻井液有一

定的渗透力，降低黏土颗粒间的连接力，使钻井液或泥饼的结构松弛、拆散，易于顶替。

冲洗液在40～180℃之间稳定，冲洗液与钻井液、隔离液和导浆的相容性好。

2. 隔离液性能标准

隔离液密度大于钻井液密度0.06～0.12g/cm³，小于水泥浆密度0.06～0.12g/cm³。

失水量小于150mL/30min·7MPa。密度大于1.5g/cm³ 的隔离液其API失水量应小于80mL/30min·7MPa。

在室温和93℃时静置4h无沉降、室温屈服值不小于100lb/100ft²。

紊流顶替隔离液有较低的黏度和较低的紊流临界返速。

塞流顶替，隔离液应有一定的黏度和较大的切力。一般塑性黏度应在40～180MPa·s，动切力应大于钻井液10Pa左右，室温马氏黏度大于110s。

隔离液与冲洗液和水泥浆相容性好。

第七章　固井质量评价方法

固井质量评价，即注水泥之后检查除支撑套管和防止各层套管腐蚀之外，其他施工是否达到要求：表层套管固井是要求封隔和保护水层，并支撑一下套管柱质量；技术套管固井是为了封隔异常压力地层、封固易坍塌地层和封堵易漏失地层；生产套管固井是为了防止环形空间内的流体相互窜通，并确保层间封隔；补救注水泥是为了改进注水泥施工质量，封堵射孔孔眼，修补套管泄漏部位及封堵产层等；打水泥塞是为了有一个坚定的人工井底。固井质量的评价方法一般是水利封隔测试、确定水泥顶面和水泥胶结测井。国内外常用固井质量评价的测井方法主要是使用声波测井及超声波测井等。但是，要找到现场作业中固井质量优与差的真正原因，还需要开展更深入各种工况下影响因素的研究，固井质量评价工作任重道远。

第一节　固井质量评价的难点

首先，以往对固井质量影响因素进行的研究，都是固井界专家站在固井单方面的角度去实现的，但由于固井质量受地层岩性、钻井液流体性质、固井水泥性能、固井作业参数以及不同测井时间等诸多因素的影响，加之这些因素的作用机理、作用方式、作用时间有所不同，还有井眼情况的复杂性及固井作业的不确定性，在固井质量的检测与解释方面不尽完善。依据实际工况，尽可能用各种影响因素来进行研究，研究问题的全面性提高了，研究的难度也会提高。其次，需要将地层岩性、固井作业工艺措施等和固井质量用实验的方法联系起来进行全面、直接的研究，尤其在实验研究方面，需要制定可行的实验方案，建立可行的实验评价方法，甚至要自行设计必要的实验装置，比如长江大学使用了自行研究设计的模型井筒、自行研制开发的JHT－02高温高压固井质量评价仪等。更重要的是，要进行诸多涉及性能与固井质量的关系研究，势必涉及多个学科研究方向，主要涉及测井知识、地质知识等。这就要求研究者首先要对整个钻井系统有深入的认识和了解；其次要对固井进行必要的研究，包括固井作业的过程及详细环节、固井质量的影响因素、提高固井质量的策略和技术、现场存在的问题等；再次，要对固井质量评价方法有一定的了解，包括测井的原理、测井曲线的解释以及影响测井质量的因素等。

第二节　国内外常用固井质量评价测井方法

声波测井技术从20世纪50年代初开始出现，到现在经历了几十年的发展，已经成为地球物理测井学科的重要领域，是发展最快和应用最广泛的现代测井方法之一。声波测井是油气勘探和开发的重要手段，在国外20世纪80年代末到90年代初期，为了满足复杂油气藏勘探和开发的需要，投入大量资金开展偶极和多极声波测井、声波成像测井、声波随钻测井、井间声波测井新方法、仪器及应用方面的研究。声波测井的物理基础是研究与岩石性质密切相关的声振动沿钻井的传播特征。声波在传播过程中，能量在不断减小，它在地层中传播的能量（或幅度）的变化有两种形式，一种是地层的吸收使其幅度衰减，另一种是在不同声阻抗的两种介质交界面处的反射、折射使声波能量发生变化。实际上这两种变化同时存在，但在下套管的井中，各种波的幅度变化主要与套管和地层之间的两个界面所引起的声波能量分布有关。通过测量这种声幅变化，可以检查固井质量，相应地产生了声波幅度测井。声波测井技术主要有CBL、VDL、SBT等测井方法。

超声波脉冲反射技术首先由Mobil公司用于确定环形空间水泥介质的测井。测井用超声波水泥评价仪，有斯伦贝谢（Schlumberger）公司的水泥评价测井仪（CET）和吉尔哈特（Tearhart）公司的超声波脉冲反射测井仪（PET）。CET是在1981年由Froelich等根据以前的“采用超声波脉冲回声技术评价套管外水泥胶结质量”的研究而设计的，而后由Dumont和Leigh等在1984年进行了完善。而PET问世后，1987年由Albert等在一实验井中将PET与CBL（常规胶结测井仪）和SBT（补偿胶结测井仪）进行对比。

第三节　固井质量评价测井方法原理

一、CBL测井原理

水泥胶结测井（cement bond log，CBL）常用源距为1m和1.5m。发射换能器T发出声波，其中以临界角入射的声波在泥浆和套管的界面上折射产生，沿这个界面在套管中传播滑行波（又叫套管波），套管波又以临界角的角度折射进入井内泥浆到达接收换能器R被接收。仪器测量记录套管波的第一正峰的幅度值，即得到CBL曲线值（图7－1）。这个幅度值的大小除了决定于套管与水泥胶结程度外，还受套管尺寸、水泥环强度和厚度以及仪器居中情况的影响。

若套管与水泥胶结良好，这时套管与水泥环的声阻抗差较小，声耦合较好，套管波的能量容易通过水泥环向外传播，因此，套管波能量有较大的衰减，测量记录到的水泥胶结测井值就很小；若套管与水泥胶结不好，套管外有泥浆存在，套管与管外泥浆的声阻抗差很大，声耦合较差，套管波的能量不容易通过套管外泥浆传播到地层中去，因此套管波能量衰减较小，CBL值很大，其中在管外没有水泥的自由套管段达到最大，从而利用CBL曲线值可以判断固井质量。

但是，实际测量的CBL值除与胶结情况有关外，还受到仪器偏心、套管质量、微环隙、固井测量时间等多方面因素的影响，因此在利用CBL幅度评价固井质量时应该慎重。

由于套管波声幅只能反映水泥环与套管（第Ⅰ界面）的胶结情况，不能反映水泥环与地层（第Ⅱ界面）的胶结情况，而套管整个波列的显示则可以同时说明这两个界面的胶结情况，因而出现了声波变密度测井。

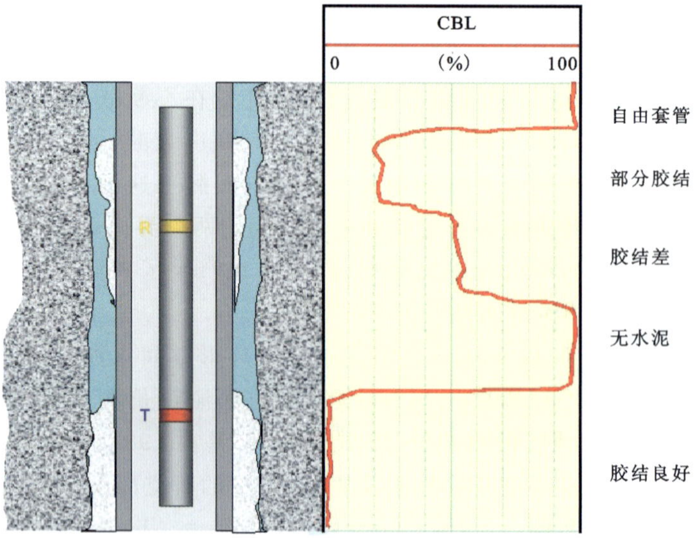

图 7-1　CBL 测井示意图

二、VDL 测井原理

声波变密度测井(variable density log,VDL)也是一种测量套管外水泥胶结情况,从而检查固井质量的声波测井方法,它可以提供更多的水泥胶结的信息,能反映水泥环的第Ⅰ界面和第Ⅱ界面的胶结情况。

变密度测井的声系由一个发射换能器和接收换能器组成,源距一般为 1.5m,声系通常附加另一个源距为 1m 的接收换能器,以便同时记录一条水泥胶结测井曲线。

套管井中声波的传播与胶结情况的关系密切。在套管井中,从发射换能器 T 到接收换能器 R 的声波信号有 4 个传播途径,沿套管、水泥环、地层以及直接通过泥浆传播。通过泥浆直接传播的直达波最晚到达接收换能器,最早到达接收换能器的一般是沿套管传播的套管波,水泥对声能衰减大、声波不易沿水泥环传播,所以水泥环波很弱可以忽略。当水泥环的第Ⅰ、第Ⅱ界面胶结良好时,通过地层返回接收换能器的地层波较强。若地层速度小于套管速度,地层波在套管波之后到达接收换能器,这就是说,到达接收换能器的声波信号次序首先是套管波,其次是地层波,最后是泥浆波。声波变密度测井就是依时间的先后次序,将这 3 种波全部记录的一种测井方法,记录的是全波列。该方法与水泥胶结测井组合在一起,可以较为准确地判断水泥胶结情况。

在实际的测井作业中,套管波与地层波的幅度变化有一定的规律。

(1)自由套管(套管外无水泥)和第Ⅰ、第Ⅱ界面均未胶结的情况下,大部分声波能量将通过套管传到接收换能器而很少耦合到地层中去,所以套管波很强,地层波很弱或完全没有。

(2)有良好的水泥环,且第Ⅰ、第Ⅱ界面均胶结良好的情况下,声波能量很容易传到地层中去。这样套管波很弱,地层波很强。

(3)水泥与套管胶结好与地层胶结不好(即第Ⅰ界面胶结好,第Ⅱ界面胶结不好)的情况下,声波能量大部分传至水泥环,套管中剩余能量很小,传到水泥环的声波能量由于与地层耦合不好,传入地层的声波能量是很微小的,大部分在水泥环中衰减,因此造成套管波、地层波均很弱。

声波变密度测井需要通过一定的方式进行记录。可以采用不同的方式处理接收到的声信号,因而可以得到不同形式的记录,目前主要使用的是调辉记录方式。调辉记录是对接收到的波形检波去掉负半周,用其正半周作幅度调辉,控制示波器荧光屏的辉度。信号幅度大,则辉度强;信号幅度小,则辉度弱。接收换能器每接收一个波列,则在荧光屏上按时间先后自左向右水平扫描一次,由照相机连续拍摄荧光屏上的图像,照相胶卷与电缆速度以一定的比例同步移动拍摄,于是就得到了变密度测井调辉记录图,黑色相线表示声波信号的正半周,其颜色的深浅表示幅度的大小,声信号幅度大则颜色深,相线间的空白为声信号的负半周。

套管信号和地层信号可根据相线出现的时间和特点加以区别。因为套管的声波速度不变,而且通常大于地层速度,所以套管波的相线显示为一组平行的直线,且在图的左侧。由于在不同地层中的声速不同,所以地层信号到达接收换能器的时间是变化的。因此,可将套管波与地层波区分开。在强的套管波相线(自由套管)上,可以看到“人”字形的套管接箍显示,这是因为接箍处存在缝隙,使套管信号到达的时间推迟,幅度变小;此时地层信号很弱。

当套管与水泥胶结(第Ⅰ界面)良好,水泥与地层(第Ⅱ界面)胶结良好时,声波能量大部分传到水泥和地层中去,因此套管信号弱而地层信号强。如果地层信号在到达时间范围内显示不清楚,可能是因为第Ⅱ界面胶结差或者地层本身对声波能量衰减比较大。

目前在套管井中,变密度测井图主要用于定性解释固井质量,不同固井情况下的声波变密度测井特点列于表 7-1。

表 7-1　不同固井质量的 VDL 测井显示

固井情况	波列特征	VDL 图形特点
套管与水泥环(第Ⅰ界面)、水泥环与地层(第Ⅱ界面)均胶结良好	套管波弱、地层波强	左浅、右深
第Ⅰ界面胶结良好,第Ⅱ界面未胶结	套管波弱、地层波弱	左浅、右浅
第Ⅰ界面未胶结或套管外为泥浆	套管波强、地层波弱	左深、右浅

三、SBT 测井原理

扇区水泥胶结测井 SBT 仪器用推靠臂把 6 个测量极板推靠到套管内壁上去。相邻 4 个极板构成螺旋状双发双收声衰减率测量系统,把管外环形空间六等分,分别考察水泥胶结质量,实现测量的高分辨率 360°全方位覆盖(图 7-2)。

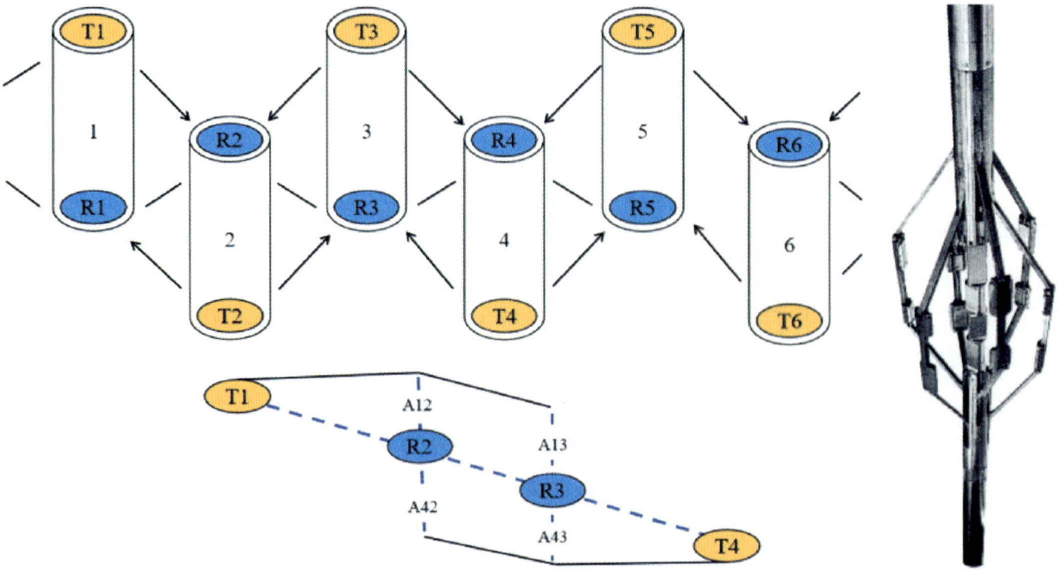

图 7-2　SBT 极板配对示意图

每个测量极板上具有一个发射探头和一个接收探头，通过 6 个极板上的收发探头的组合，可以形成每隔 60°扇区的 6 个双发双收声波测井系列，如图 7-2 所示，6 个系列分别为：1—T1R2R3T4、2—T2R3R4T5、3—T3R4R5T6、4—T4R5R6T1、5—T5R6R1T2、6—T6R1R2T3。

通过上述极板组合可以测得 6 条测井曲线。

(1)由 6 个声系组合 24 个收发排列测得的声幅曲线 A_{ij}，表示由第 i 换能器发射而由第 j 换能器接收所测得的声幅。对于 T1R2R3T4，$i=1$、4，$j=2$、3；其他类似，共 24 个声幅测量组合。

(2)6 条 60°扇区双发双收补偿声衰减曲线 ATC_1。

对于第一扇区：

$$ATC_1=-\frac{10}{d}\lg\left(\frac{A_{13}\cdot A_{14}}{A_{43}\cdot A_{12}}\right)-DBSP$$

式中：d 为间距；DBSP 为几何扩散引起的声衰减，缺省为 6dB/ft；A_{ij} 为声幅。

其他扇区依此类推，衰减率越高，水泥胶结越好，反之则差。

(3)相对方位角曲线 RB，反映第一扇区中点对于井眼底线的相对方位角。

(4)5ft 标准源距的全波列(变密度图 VDL)，用于评价水泥环与地层界面的胶结质量。

(5)由 6 个声系组合 24 个收发排列测得的全波列曲线。

(6)由 6 个声系组合 24 个收发排列测得的声波传播时间曲线。

(7)井斜。

从上述曲线中可以计算出如下曲线：

(8)六段扇区的最小衰减率 $ATMN=\min\{ATC_n\}(n=1,2,\cdots,6)$。

(9)六段扇区的最大衰减率 $ATMX=\max\{ATC_n\}(n=1,2,\cdots,6)$。

(10)六段扇区的平均衰减率 $ATAV=\frac{1}{6}\sum_{n=1}^{6}ATC_n$。

(11)平均声幅 $AMAV=AFREE\times[10^{(-\frac{3}{20}\times ATTNAV)}]$。

其中 AFREE 为自由套管声幅,由实验确定。ATTNAV 为用 12 个样本点窗长对测量点进行的平均加权滤波值。

(12)环形空间声变衰减水泥图。一般将实测衰减率赋予五级灰度,其中最高一级(最黑)高于良好胶结水泥衰减率的 80%,最低一级(白色)低于 20%。这样就得到以井眼低侧为母线的管外水泥胶结状况展开图——水泥成像。

采用 SBT 测井可以增强声发射能量,SBT 测井仪器通过利用两个发射单元来增强声场能量,每个单元为 1/4 波长。工作时,远离接收探头的第一个单元发射,当声波到达第二个发射单元时,第二个单元发射,从而在所设计的方向使声场得到增强。由于声强与声幅的平方成正比,因此声强可以得到 4 倍的增强,如图 7－3 所示。

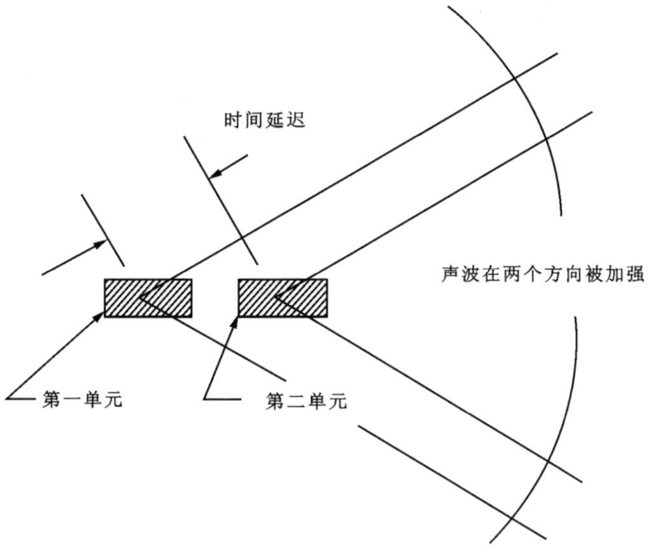

图 7－3　用两个发射单元进行声场增强

采用此项技术可以使 VDL 得以增强,从地层得到的声场信息得到加强而套管的声场信息减少,因此可以在软地层中得到清晰的 VDL 信息而在通常的 VDL 测量中地层声场信息却被压制。

在采用 SBT 测井的情况下,不需进行环境校正。因为采用了补偿测量方式,因此消除了传感器的敏感性及井眼问题;传感器安置在极板上,尽可能地消除了泥浆性能的影响;采用了数字遥传方式,尽可能地消除了电缆对数据的影响。

四、CET 测井原理

了解超声波水泥胶结评价仪(CET)原理首先考虑脉冲发射技术,这种技术使用一个换能器发射短的声波脉冲群,换能器既作为发射器又作为接收器。

模型由套管、微环环形空间、水泥和地层组成。对换能器进行定位,使波束垂直于套管。套管两边都为半无限的层状介质所限制。假使入射角是垂直的,但由于时间轴是水平的,所以波束不是垂直入射。入射到套管的波束分成反射部分和透射部分。每当波束射到不同介质的时候,都出现这样的分离。

胶结好和胶结不好的时间响应不同。第一个反射波的幅度大约比其余的反射波大 10 倍,并与管外的介质无关。除第一个反射波外,得到的响应是按照指数衰减,其时间常数是充满套管的流体和管外物质的函数。与胶结不好的情况相比,在胶结好的时候衰减的速度相当快。因此一个区别胶结好与不好的方法是测量这些在套管中来回反射的波的衰减率。

从频率响应方面考虑,不同胶结程度的地层,其频率响应也存在差异,胶结不好时套管厚度共振频谱的凹口是深的,胶结好的凹口是浅的。对于微环形空间,凹口的深度和来回的反射波的衰减率是微环形空间的厚度的函数。

图 7-4 左边为所测得的波形,右边是其频谱分析,以此图为例来介绍对胶结情况的解释方法。左半部分,两黑线之间为套管内壁反射波,黑红之间是套管中来回的反射波,红蓝之间为地层反射波。由于套管与水接触,而水的声阻抗(Z=声速×密度)与套管的声阻抗相差很大,故界面上的反射系数[$r=(Z_1-Z_0)/(Z_1+Z_0)$]很大,达到 80%以上,也就是说通过界面,声波绝大部分的能量反射回去,只有极少部分的能量进入地层,来自地层的反射信号非常微弱,从波形图中难以直接看出变化,因此,对信号进行了处理,得到了其 FFT 幅值线性谱,如图 7-4 右边为对应的 FFT 幅值线性谱,在谱中,主要是观察套管厚度共振频谱的凹口的深浅,自由套管的凹口是最深的,完全胶结好的凹口最浅,对于微环行空间,凹口的深度和来回的反射波的衰减率是微环行空间的厚度的函数,介于自由套管和胶结好之间。因为自由套管时,套管两边的介质均是水,套管相当于悬空的,其两界面的反射很明显,故在发射脉冲的频率处有一深的凹口,而对于胶结好的情况,由于地层的声阻抗较之水要大,与套管胶结好以后,其界面的反射系数要小,也就是说套管与地层可以近视成一个整体,所以其凹口应很浅。

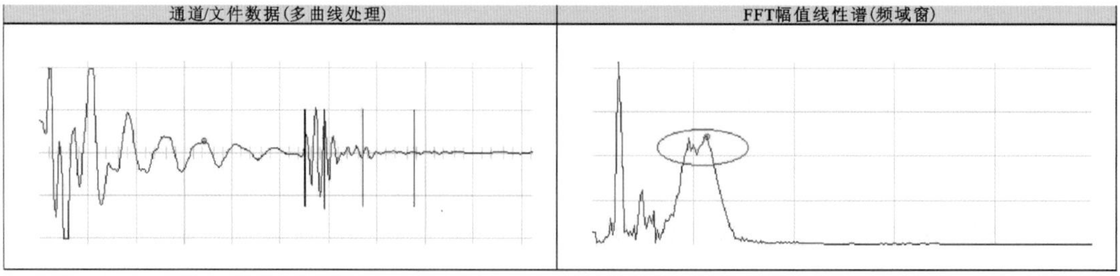

图 7-4 CET 波形及频谱

第四节　固井质量影响因素评价方法

一、采用水泥模块研究候凝时间对固井质量影响评价方法

1. 实验原理

在模型井中研究水泥候凝时间利用的声参数主要是首波的幅度。与水泥模块实验中首波是水泥纵波不同，模型井中探头接收到的波包含多种成分，首波是套管波，其次是地层波、面波。套管波的速度是一定的，只有其幅度在不断地改变。水泥未凝固好时，套管与水泥的声阻抗差异大，套管波的幅度大；水泥凝固好后，抗压强度大，与套管声阻抗差异小，套管波幅度小。通过连续测量，观察波列中套管波幅度很小且趋于稳定的时间，即可确定为最佳测井时间。

国外曾有人做过水泥候凝时间的实验研究，采用的参数是声波幅度。本实验不采用水泥声幅来研究水泥候凝时间，因为声幅受诸多因素的影响，如水泥试块的表面是否平整、耦合好坏、探头施加在水泥试块上的压力等，而且在凝固初期，幅度很小，不易读取。故在实验中只把声幅作为一个参考的数据。

2. 实验测量装置

水泥模块测量装置模拟图见图 7－5。SYS－2C 型非金属超声测试仪由发射机和接收机两部分组成，发射机为发射探头提供发射信号，为 cs20000 动态分析测试仪提供同步信号，接收机接收由接收探头传来的信号，同时把接收信号传给 cs20000 动态分析测试仪，对信号进行采集、分析和存储。所用换能器频率为 220kHz。为了便于测量，用机械加工特制了一副夹持器，此夹持器一边一个可夹住发射、接收两探头，并且摇动工具上的摇柄可调节两探头间的距离，这样每次测量时都摇至同一位置，使探头加在水泥块上的压力相等，便于比较信号幅度。实验中另一个重要问题是耦合问题，耦合好坏对接收波形尤其是波形的幅度影响很大。实验中采用黄油作耦合剂。

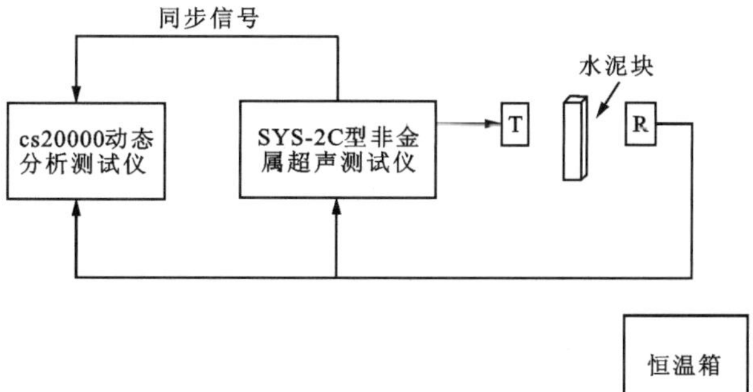

图 7－5　水泥模块测量装置模拟图

待水泥块成形后取出，进行第一次测量。从注入水泥浆开始养护到第一次测量，这段时间间隔依赖养护温度和水泥浆配方。测量时，选择水泥块相对光滑的两面，分别与发射探头和接收探头耦合好，调节好仪器的各参数。注意在以后的测量过程中，一定要保证仪器的这些参数和水泥块的测量位置不变，这样才能保证测出的波形有可比性。在刚开始测量的一段时间内，波形及首波到达时间变化较快，故每间隔 1h 测一次；一段时间后，波形趋于稳定，每间隔 2h 测一次。从 cs20000 信号分析仪上可精确读出首波到达时间。由于水泥水化过程中体积不断缩小，因此每测量一次，就测一次水泥块的厚度及宽度，便于速度计算时减小误差。

3. 水泥试块的制作及养护

实验中，按如下方法设计水泥模块：

(1)模型做成均质的、有一定厚度的水泥方块，在水泥块的厚度方向及宽度方向进行对测；宽度对测，模拟井眼中波沿水泥环垂直传播；厚度对测，则模拟波穿透水泥环传播。

(2)水泥方块的厚度对应于实际井眼的水泥环厚度，如对应于 6"井眼 5"套管的水泥环厚为 0.5in，即 1.27cm；对应于 8.5"井眼 7"套管的水泥环厚为 0.75in，即 1.9cm。

(3)水泥试块的配方：实验用的固井水泥为 G 级油井水泥，水泥添加剂包括分散剂、降失水剂、促凝剂、消泡剂；在下面的论述中，如无特别说明，水灰比和添加剂的比例都指的是与干水泥粉(BWOC)的比。

为了制作方便，特制了几个 20cm×10cm×10cm 的模具。为防止水泥的胶结而造成模具的脱模困难，在模具的四周涂上机油；而在模具底部涂上黄油，隔开养护水。水泥块的制作过程如下：首先调节恒温箱内容器中的水温至所需的温度，如 80℃，并使之恒定。按配方配好水泥浆，搅拌均匀后倒入模具中，然后连模具带水泥浆一起放入恒温箱水容器中进行养护。待水泥块成形后，从模具中取出水泥块，直接放入恒温箱水容器中进行养护，测量时取出。按照上述方法，制成大约宽 7～10cm、厚 1.1～2.0cm 的水泥试块。由于在水泥水化过程中水泥浆体积要缩小，故水泥块的厚度只能是大致模拟实际水泥环厚。厚约 1.2cm 的方块即模拟 0.5cm厚的水泥环，厚约 1.8cm 的方块则模拟 1.9cm 厚的水泥环。

4. 实验方法

水泥候凝时间与水泥的密度、水灰比、缓凝剂、所处环境(温度、压力)以及受侵污程度等因素有直接关系。实验中针对温度、水泥浆密度(水灰比)、添加剂这几个因素进行了研究。因此，我们调整水泥浆的配方，研究温度、压力、水灰比、缓凝剂等参数以及水泥受侵污时水泥候凝间的变化规律、试块抗压强度以及固井水泥强度与响应值的关系。根据各种钻井手册，查得不同型号的缓凝剂、分散剂、消泡剂在添加量上差别不大，但不同的降失水剂添加量有很大变化，如高温降失水剂 LW－1 的添加量一般在 1%～2%之间。根据这些数据及购买的添加剂类型，确定了实验中各影响因素的变化范围。

在配制水泥浆的过程中发现，当水灰比大于 60%时，由于水分太多，在凝固过程中有明显分层现象产生，影响测量结果的正确性；当水灰比等于 30.4%时，水泥浆流动性已较差。故实验中选择水灰比从 60%～30.4%(对应水泥浆密度 1.74～2.1g/cm^3)。水泥浆密度与水灰比的对应关系如表 7－2 所示。

表 7-2　水泥浆密度与水灰比的对应关系

水泥浆密度(g/cm^3)	1.74	1.80	1.90	2.0	2.1
水灰比(%)	60	53.7	44	36.3	30.4

各种有关水泥浆添加剂的钻井手册和文献表明：在各种添加剂中，缓凝剂、速凝剂对水泥候凝时间起主要作用，其他添加剂虽然也或多或少地影响水泥候凝时间，但影响不大。在实验中用到的添加剂包括缓凝剂、分散剂、降失水剂、消泡剂，除缓凝剂外，其他添加剂对水泥候凝时间的影响均不大，故实验中只考虑缓凝剂的变化。实验中各因素的变化范围如下：水泥浆密度 1.74～2.1g/cm³，养护温度可调，缓凝剂质量分数为 0.1%～1.5%。其他添加剂的用量在整个实验中保持不变：降失水剂质量分数为 6%，分散剂质量分数为 0.4%，消泡剂质量分数为 0.1%。

二、采用模型井测试各种工况下对固井质量影响评价方法

1. 模型井设计的实验原理

设计模型井要遵循如下 3 个准则：①相似性准则；②缩小换能器；③缩小模型。用压电陶瓷晶体来制作换能器，压电陶瓷晶体能将电脉冲转换成声源，接收到的声波又能转换成电信号，并将缩小换能器频率提高相应倍数，用缩小换能器测模型井的胶结质量，根据所测波形图来分析胶结质量的好坏。

1）相似性准则

把实际井、探头按一定的比例缩小，制作实验用的模型井、缩小探头，要依照相似性准则。设模型井与实际井的半径之比、声速之比、声波波长之比分别为 M_r、M_v、M_λ，则基本的相似性准则关系为：

$$M_r/M_v \times M_\lambda = 1$$

假定模型声速与实际地层声波相同，则从上式可推知，模型井中的声波波长 λ 和井径半径 R 的比值 λ/R 等于实际井的 λ/R，所做的模型井的井眼跟实际井相比是缩小的，即 R 变小，为保持 λ/R 不变，则波长 λ 变小，频率 f 变大，也即所做的缩小换能器频率应相应提高。

2）缩小换能器

用压电陶瓷晶体来制作换能器，压电陶瓷晶体能将电脉冲转换成声源，接收到的声波又能转换成电信号。为使所测波形幅度大，波形尾巴短，设计的换能器应具有高灵敏度、频带宽的特点。薄壁压电陶瓷管(PZT5)固定在 8mm 的紫铜管上，管中充填的吸声材料能使之既有高的灵敏度又能减小影响。细铜线焊于银层表面来作为电极。

为使换能器频带宽，径向振动强，余振小，采取了一些措施。换能器固有频率应选在井眼特征频率附近。压电陶瓷内外壁都镀上银层，沿厚度方向极化。管内充填的高吸收背衬材料的声阻抗与压电陶瓷声阻抗相匹配。为得到换能器中声源的一些特征，可以把一对换能器放于水槽中，间隔 10cm，接收的信号表示由源/接收器产生的直接压力波形。

3）缩小模型

设计模型井要遵循如下 3 个准则：①模型均匀各向同性；②按照相似性准则，井眼尺寸、

源频率等模型参数是实际井的模拟；③模型尺寸应做得足够大，以保证全波列的套管波和地层波不受到边界影响。因为我们利用的信息主要是套管波的幅度，所以只要求边界效应不影响套管波和地层波即可。

所做的模型井是圆柱混凝土高速模型。模型井混凝土各组分为：53.5％A级水泥、18.7％砂、26.9％水、0.9％添加剂（消泡剂和降失水剂）。实际测井中，井眼直径一般为20cm，换能器的固有频率为20kHz，按照相似比准则，模型井按比例缩小10倍，即直径为2cm。模型井的制作过程如下：按配方配好泥浆，搅拌均匀后注入制作模型井的模具中，模具中心直径为2cm的钢棒外层涂有机油。待模型固结好后取出，抽出钢棒。制成的模型井高约为20cm，直径约为10cm，中心有一直径为2cm的光滑井眼，模拟速度为3 400～3 600m/s、孔隙度约为20％左右的砂岩地层。

2. 实验主要设备

1）井筒模型制作

模拟模型为直径280mm、高500mm的圆柱体。由水泥与石英砂或膨润土配制而成，模拟的地层相当于砂岩或泥岩；中心孔径38mm。实验采用外径50mm、厚度2mm的不锈钢管来模拟套管，当井孔按10∶1缩小时，缩小换能器频率应增大为实际换能器频率的10倍。试验用换能器的中心频率为200kHz，它是用8mm直径薄壁压电陶瓷管（PZT－5）制成的。

2）固井质量评价装置

实验采用自行研制开发的JHT－02高温高压固井质量评价仪，可以模拟不同的地层温度、环空温度和不同的地层压力、套管压力及环空压力等；实验使用的SYC－2C型非金属超声测试仪，实行中心频率为100kHz的宽带水听器的发射与接收装置，采用超声脉冲回波方法的SBT、CBL、CET探头及成都泰斯特电子公司的DAP3.11电脑软件系统进行采集和显示。

3）高温高压验窜仪

用于模拟不同岩性地层不同环境下的窜槽情况，可以测定不同情况下发生在第Ⅰ、Ⅱ界面的油、气、水不同介质的剪切胶结力。最大压力可以做到60MPa，最高温度可模拟到200℃，在实验中得到较好的效果。

实际井眼直径一般为311.1mm，套管直径244.47mm，换能器的固有频率为20kHz，按照相似比准则，模型井按比例缩小10倍。井筒模拟如图7－6所示，模型井测量装置如图7－7所示。

模拟井眼各参数：

地层半径：300mm　地层高度：500mm　井眼尺寸：50mm

水泥环厚度：5mm　套管外径：40mm

套管内径：36mm　套管厚度：2mm

4）声系的设计与制作

为了分析测井仪器引起固井质量评价的差异，我们根据仪器测试原理设计了3套目前应用较为广泛的声系：自发自收式测井仪（CET）、声幅测井仪（CBL）以及模拟分扇区水泥胶结测井仪（SBT）。

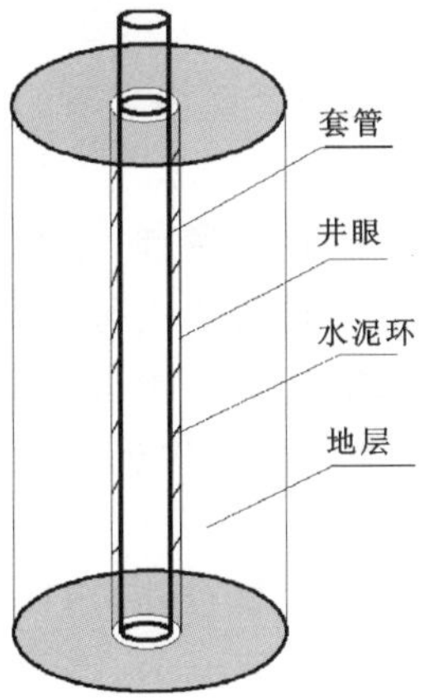

图 7-6　井筒模拟示意图

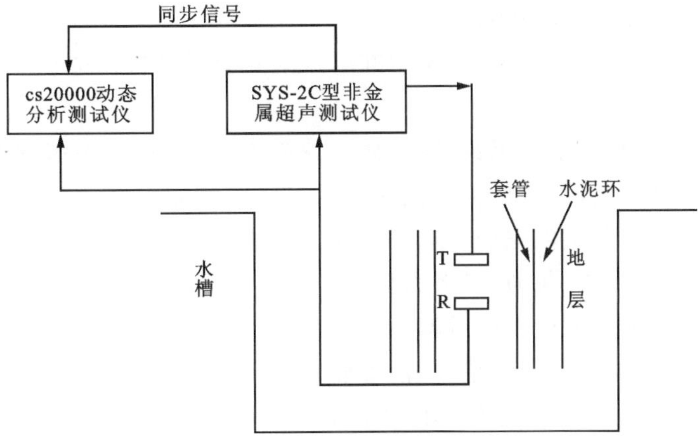

图 7-7　模型井测量装置示意图

自发自收式测井仪：针对自发自收式测井仪的特点，将频率均为 800～1 000kHz左右的经过上述处理的 10 个换能器均匀镶嵌在长为 450mm、直径为 25mm 的钢柱上。每个换能器自成一个体系，一次可测得不同深度上的声波反射信号。

声幅测井仪：声幅测井仪采用一发三收声系，换能器频率按相似比原则升高。

模拟分扇区水泥胶结测井仪：分扇区水泥胶结测井仪采用两组一发三收声系，分别固定在不同方向上，评价两个不同方向上的水泥固井质量。

3 种不同固井质量评价探头如图 7-8 所示。

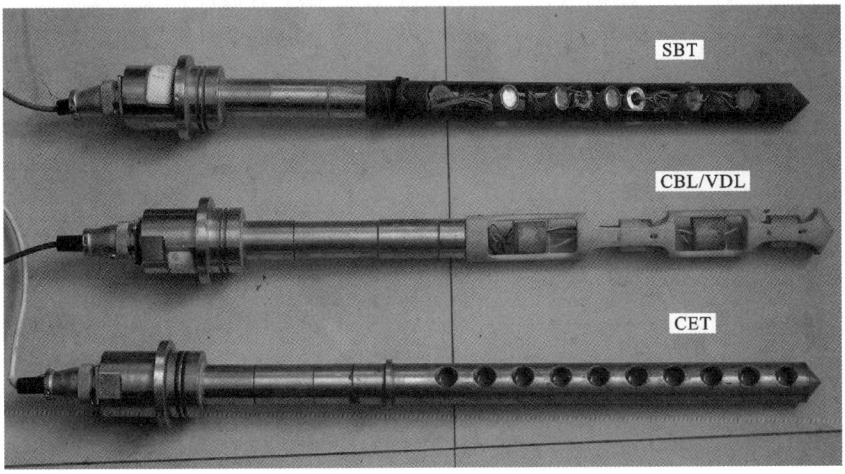

图 7-8　3 种不同固井质量评价探头示意图

3. 各种水泥胶结情况模拟设计

胶结用的水泥浆采用水灰比为 44%，降滤失剂为 6%，分散剂为 0.6%，消泡剂为 0.1%。要求配好的水泥浆搅拌均匀后，应具有很好的流动性。

按照相似性准则，模拟套管所用的钢管比实际套管直径缩小700%～800%，外径为30mm，壁厚为1.5mm。

(1)自由套管模型：将模型井放入固井质量评价仪的釜体中(带有钢管居中装置)，将釜体充满水，插入钢管即可。

(2)完全胶结情况：将钢管插入井眼中，为了完全模拟固井作业的整个过程，首先将一定体积的水泥浆倒入套管内，倒入的水泥浆体积要稍大于套管与地层之间的环空体积，确保水泥浆顶替后环空内完全被水泥浆充满。然后使用特制活塞(该活塞能让空气很容易通过，但可有效阻止水泥浆通过)将水泥浆从套管内顶替到环空内，确保将水泥浆顶替到模拟井眼的井口。待水泥完全胶结后即可。

(3)一界面完全胶结：将钢管插入一硬塑料管内，塑料管内径小于井眼直径，用两个钢套环使钢管居中，然后用同样的方法将水泥浆顶替到塑料管与套管之间的环空内，待水泥完全凝固后，烘烤塑料管，软化剥去该管，获得一水泥柱，将水泥柱插入井眼孔内即可。为了模拟二界面微环隙大小及延伸对固井质量评价的影响，选择一系列不同内径的塑料管，制作不同直径水泥柱，在二界面之间形成不同微环隙。

(4)仅二界面胶结：一界面流体环隙的胶结模型，方法类似于完全胶结，用一根比套管外径稍大的钢管插入井眼，钢管外表面用细砂纸打磨光滑，涂上机油，将水泥浆顶替到井眼初凝后，慢慢转动钢管，隔一段时间转动一次，直到水泥浆完全凝固后拔出，最后灌满水，插入套管即可。

(5)水泥浆受侵污对固井质量的影响试验：将不同配比的混凝土注入特制的容器，待完全凝固后向容器内注入一定体积的受到不同地层水或钻井液滤液侵污的水泥浆，放置48h后测量模拟地层与固井水泥两界面的胶结强度，观察水泥浆胶结强度的变化，研究水泥受侵污对胶结质量的影响。

主要参考文献

步玉环，张乐勇，张春林，等，2005. 油气固井纤维的筛选研究[J]. 石油钻探技术，33(3)：16－18.

陈英，舒秋贵，2005. 低温微细低密度水泥的实验研究[J]. 天然气工业，25(12)：74－76＋9.

车小花，乔文孝，闫向宏，2005. 不同胶结状况对固井质量测井影响的模拟实验研究[J]. 测井技术，29(3)：185－187＋283.

丁保刚，2003. 固井优化设计方法及应用[D]. 大庆：大庆石油学院.

代丹，岳蕾，罗宇维，等，2016. 聚合物对油井水泥石微观结构和抗腐蚀性能的影响[J]. 电子显微学报，35(3)：235－239.

杜江，1999. 提高水泥环第二界面胶结质量的固井技术[J]. 石油钻探技术，7(1)：35－36.

丁岗，倪红坚，武红卫，等，2001. 胶乳对油井水泥浆作用机理的实验研究[J]. 石油大学学报(自然科学版)，25(2)：16－18＋10.

范鹏，康建平，朱江林，等，2011. 油水双效 PC－W21L 冲洗液在 PY30－1 气田固井作业中的应用[J]. 石油天然气学报，33(5)：189－192＋341.

冯克满，朱江林，王同友，等，2010. 颗粒级配技术的超高密度水泥浆体系研究[J]. 长江大学学报(自然科学版)理工卷，7(2)：54－57＋407－408.

关琛，方波，2009. 降解黄原胶与降解瓜胶凝胶体系的流变性研究[J]. 食品工程(3)：42－47.

高伟勤，孙培恒，赵士华，等，2005. 分区水泥胶结测井(SBT)的解释方法研究及应用[J]. 石油仪器，19(3)：56－57＋7－8.

关宝印，1994. 油水井固井作业中增强水泥石与套管表面胶结强度的研究[J]. 管道技术与设备(1)：18－19.

顾军，高德利，石凤歧，等，2005. 论固井二界面封固系统及其重要性[J]. 钻井液与完井液，22(2)：7－10＋76.

和传健，徐明，肖海东，2004. 高密度冲洗隔离液的研究[J]. 钻井液与完井液，21(5)：19－21.

胡来福，姜岳庆，邓基华，2004. CAST－V 井周声波扫描仪及其应用[J]. 石油仪器，18(1)：44－46＋67－68.

江宇，2002. FSG－Ⅱ防渗漏隔离液的研制及在辽河油田的应用[J]. 钻采工艺，25(5)：79－81＋7.

江波，陈埔，向明，1994. 化学交联 PVA 水凝胶中水的状态[J]. 高分子材料科学与工程(1)：130－132.

李希明，刘成杰，陈文明，等，1989. 高含水聚乙烯醇弹性体[J]. 高分子学报(5)：519－524.

李崇智，2004. 新型聚羧酸系减水剂的合成及其性能研究[D]. 北京：清华大学.

罗长吉，王允良，张彬，1993. 固井水泥环界面胶结强度实验研究[J]. 石油钻采工艺，15(3)：47 - 51.

罗长吉，刘爱玲，程艳，1995. 固井防水窜机理研究与应用[J]. 石油钻采工艺，17(5)：35 - 42＋106 - 107.

刘继生，王克协，吕秀梅，等，2000. 水泥-地层界面胶结状况综合解释方法及应用[J]. 测井技术，24(5)：340 - 344＋399.

刘伟，崔永虎，1997. 隔离液在紊流顶替中的作用[J]. 钻采工艺，20(5)：83 - 85.

刘东青，周仕明，1999. SMS 抗盐高效前置液的研制与应用[J]. 石油钻探技术，27(5)：44 - 46.

吕茂森，李季，王中华，等，1999. 耐温抗盐共聚物 AMPS/AM/AMC_(14)S 的合成[J]. 油田化学(4)：362 - 364.

林发枝，2005. 超细微膨胀固井水泥研究与应用[J]. 石油钻采工艺，27(6)：40 - 42＋103.

缪明富，马卫，郭建平，1999. 油井水泥外加剂现状与发展[J]. 钻采工艺，22(3)：66 - 72＋99 - 100.

罗宇维，朱江林，李东，等，2012. 温度和压力对井内流体密度的影响[J]. 石油钻探技术，40(2)：30 - 34.

罗宇维，方国伟，朱江林，等，2011. 研究水泥浆膨胀率的新型设备及方法[J]. 钻井液与完井液，28(6)：47 - 51＋94 - 95.

米贵东，朱江林，赵军，等，2013. 高密度水泥浆的硬化浆体结构对其流变性能的影响[J]. 硅酸盐学报，41(4)：500 - 504.

苏远大，孙建孟，施振飞，等，2005. 地层声速对固井质量评价的影响及消除方法[J]. 石油钻探技术，33(4)：39 - 41.

单高军，2005. 钻井液类型及性能与固井质量的关系研究[D]. 成都：西南石油学院.

王渊，李兆敏，王德新，等，2005. 岩石抗压强度回归模型的建立[J]. 断块油气田，12(2)：17 - 19＋90.

王子明，2006. "水泥—水—高效减水剂"系统的界面化学现象与流变性能[D]. 北京：北京工业大学.

魏周胜，马海忠，王文斌，2003. GJ - 1 保护气层防气窜水泥浆体系研究[J]. 钻井液与完井液，20(1)：6 - 10＋66.

王祥林，卢东红，王立平，1995. 水泥石的动态性能研究[J]. 哈尔滨建筑大学学报，28(5)：7 - 11.

王三乐，王琢，马翠，2005. 水泥封堵液的有效填料——空心玻璃微球[J]. 国外油田工程(11)：16 - 18.

吴叶成，刘亚，1994. 提高调整井固井质量的方法[J]. 石油钻采工艺，16(3)：31 - 33＋39 - 107.

万玲，彭向和，杨春和，等，2005. 泥岩蠕变行为的实验研究及其描述[J]. 岩土力学，26(6)：924 - 928.

徐青林，胡惠仁，谢来苏，2000. 聚乙烯醇（PVA）及其在造纸工业中的应用[J]. 西南造纸（4）：12－13.

徐惠富，杨炳贤，成国祥，2001. 聚乙烯醇产品用途的新进展[J]. 化工进展，20(9)：39－42.

许明标，唐海雄，汪顺文，等，2006. 海洋深水用双充填低温低密度水泥浆体系研究[J]. 油田化学，23(3)：201－204.

许明标，文守成，黄文新，等，2007. 固井界面胶结性能影响因素[J]. 大庆石油学院学报，31(3)：45－49＋152.

杨香艳，郭小阳，杨远光，等，2005. 固井前置冲洗液的研究发展[J]. 西南石油学院学报，27(1)：70－74.

姚晓，冯玉军，1994. 固井隔离液综述[J]. 钻井液与完井液，11(6)：21－33＋81－82.

姚晓，罗方宇，陈远东，1997. CS水泥浆隔离液的研制及评价[J]. 钻采工艺，20(5)：60－62＋70.

姚晓，许仲梓，2004. 低温下油井水泥石孔结构与抗压强度的关系[J]. 南京工业大学学报（自然科学版），26(1)：1－4.

杨振杰，李家芬，苏长明，等，2007. 新型胶乳冲洗隔离液试验[J]. 天然气工业，27(9)：51－53＋132.

杨振杰，李家芬，苏长明，2005. 钻井工程固井胶结界面研究现状[J]. 石油钻探技术，33(6)：1－5.

杨昌学，2003. 油气井固井质量预测与评价方法研究[D]. 成都：西南石油学院.

闫相祯，杨恒林，杨秀娟，2003. 泥岩蠕变导致套管变形损坏机理分析[J]. 钻采工艺，26(3)：71－74＋5.

杨远光，吴发东，王多金，等，1998. 低温早强型低密度水泥浆研究[J]. 天然气工业，18(5)：99－100.

严海兵，陈大钧，2005. 油井水泥水化研究的几种常用方法[J]. 内蒙古石油化工，31(11)：122－124.

曾义金，1990. 浅谈前置液设计方法[J]. 钻采工艺，13(4)：45－48.

郑永刚，郝俊芳，1994. 注水泥的理论与实验研究[J]. 西南石油学院学报，16(4)：33－39.

赵黎安，孟宪宝，杜卉，等，1996. 钻屑与油井水泥的胶结特性[J]. 大庆石油学院学报，20(2)：90－93.

邹建龙，谭文礼，林恩平，等，2000. 国内外油井水泥降滤失剂研究进展[J]. 油田化学，17(1)：85－89.

朱江林，许明标，张滨海，2007. 高压深层井段地层岩性对固井质量影响研究[J]. 石油钻探技术，35(2)：39－41.

朱江林，许明标，刘刚，2007. 海洋深水表层固井壁面剪切及胶结强度室内试验研究[J]. 石油钻探技术，35(3)：43－45.

朱江林，韦江雄，何昱昌，等，2020. 超细"G"级油井水泥低温低密度水泥浆研究[J]. 内蒙古石油化工，46(8)：55－57＋119.

朱江林,石礼岗,方国伟,等,2011.一种海洋深水超低温早强剂的研究[J].长江大学学报(自然科学版),8(5):68－70＋7.

朱江林,陈良,黄磊,等,2012.防腐蚀的非渗透性胶乳聚合物水泥浆研究[J].科技信息(7):81－82＋88.

朱江林,石礼岗,冯克满,等,2012.一种物理模拟冲洗液冲洗效率的评价方法[J].钻井液与完井液,29(1):69－70＋95.

朱江林,许明标,刘刚,等,2007.海洋深水表层固井壁面剪切及胶结强度室内试验研究[J].石油钻探技术,35(3):43－45.

张永良,周祖辉,黄荣樽,1985.大庆泥岩的蠕变模式及其曲线拟合[J].华东石油学院学报(自然科学版)(3):30－39.

周祖辉,黄荣樽,庄锦江,1985.大庆泥岩的三轴蠕变试验研究[J].华东石油学院学报(自然科学版)(4):22－30.

HAUT R C, CROOK R J,1982. Laboratory investigation of lightweight, low-viscosity cementing spacer fluids[J]. Journal of Petroleum Technology,34(8):1 828－1 834.

MCCLEARY B V,CLARK A H,DEA I C M,et al,1985. The fine structures of carob and guar galactomannans[J]. Elsevier,139:237－260.

JOHANN P,ANDREAS B,NILS R L,2007. Effect of different anchor groups on adsorption behavior and effectiveness of poly(N,N-dimethylacrylamide-co-Ca 2-acrylamido-2-methylpropanesulfonate) as cement fluid loss additive in presence of acetone-formaldehyde-sulfite dispersant[J]. Journal of Applied Polymer Science,106(6):3 889－3 894.

MCLEAN R H,MANRY C W,WHITAKER W W,1967. Displacement Mechanics in Primary Cementing[J]. Journal of Petroleum Technology,19(2):251－260.

附录 A 常用单位换算

项目	英制单位		公制单位		公、英制换算
	中文名称	英文代号	中文名称	英文代号	
长度	英尺	ft	米	m	1ft=12in=0.304 8m
	英寸	in 或"	毫米	mm	1in=0.083 3ft=25.4mm
质量	磅	lb	公斤	kg	1lb=0.454kg,1kg=2.204 6lb
	千磅	klb	吨	t	1klb=0.454t
体积	桶	bbl	米^3	m^3	1bbl=0.159m^3=159L=42gal
	英尺^3	ft^3	升	l	1m^3=6.29bbl=264.2gal
	加仑	gal	毫升	mL	1gal=0.003 79m^3=3.79l=0.024bbl
	夸脱	qt	厘米^3	cm^3	1L=0.264gal,1qt=946.4mL
泵排量	桶/分	bbl/min	米^3/分	m^3/min	1bbl/min=0.159m^3/min
	桶/分	bbl/min	升/秒	L/sec	1bbl/min=2.65L/sec=159L/min
比重	磅/加仑	ppg	克/厘米^3	g/cm^3	1ppg=0.12g/cm^3,1g/cm^3=8.334ppg
	磅/英尺^3	lb/ft^3	克/厘米^3	g/cm^3	1lb/ft^3=0.016g/cm^3
屈服值	磅/100 英尺^2	lb/100ft^2	毫克/厘米^2	mg/cm^2	1lb/100ft^2=4.88mg/cm^2
切力			帕	Pa	1lb/100ft^2=0.478 8Pa
					1Pa=2.089 lb/100ft^2
压力	磅/英寸^2	psi	公斤/厘米^2	kg/cm^2	1psi=0.07kg/cm^2=0.068atm
					1psi=0.006 895MPa=6.895kPa
			大气压	atm	1MPa=145psi
					1kg/cm^2=14.29psi=0.967 8atm
			兆帕	MPa	1atm=1.033kg/cm^2=14.7psi
					1bar=14.5psi
压力梯度	磅/英寸^2/英尺	psi/ft	公斤/厘米^2/米	kg/cm^2/m	1psi/ft=0.231kg/cm^2/m
			千帕/米	kPa/m	1psi/ft=22.61kp/m

续附录 A

项目	英制单位		公制单位		公、英制换算
	中文名称	英文代号	中文名称	英文代号	
浓度	磅/桶	ppb	公斤/米^3	kg/m^3	1ppb=2.86kg/m^3
			吨/米^3	T/m^3	1ppb=2.86×10^{-3}T/m^3
			公斤/升	kg/L	1ppb=2.86×10^{-3}kg/L
			克/厘米^3	g/cm^3	1ppb=2.86×10^{-3}g/cm^3
容积	桶/英尺	bbl/ft	升/米	L/m	1bbl/ft=5.22×10^{2}L/m
			米^3/米	m^3/m	1L/m=0.001 917 6
					1m^3/m=1.917bbl/ft
					1bbl/ft=0.521 6m^3/m
温度	华氏、度	°F	摄氏、度	°C	°C=(°F−32)/1.8
					°F=°Cx1.8+32
钻具质量	磅/英尺	lb/ft	公斤/米	kg/m	1lb/ft=1.488kg/m

附录 B　固井液标准术语

一、水泥

(1)油井水泥 oil well cement

适用于油、气、水井固井的水泥。

(2)硅酸盐水泥(波特兰水泥)portland cement

以硅酸钙为主要成分,在熟料中加适量石膏共同磨细而成的一种水泥。

(3)API 水泥 API cement

美国石油学会(API)把用于油井固井及其他井下作业的水泥称为 API 水泥。

(4)API 水泥分级 API cement classification

美国石油学会把油井水泥分为 A、B、C、D、E、F、G、H 八个等级。

(5)基本水泥 basic cement

指 API 油井水泥系列中的 G 级和 H 级水泥。

(6)散装水泥 bulk cement

非袋装的水泥。

(8)抗硫酸盐水泥 sulfate resistant cement

具有抵抗硫酸盐侵蚀性能的水泥,即 C_3A 矿物含量受到限制的水泥。按《油井水泥》(GB 10238—1998)规定:$w(C_3A)<8\%$者为中抗硫酸盐型(MSR);$w(C_3A)\leqslant 3\%$,$w(C_4AF+2C_3A)\leqslant 24\%$者为高抗硫酸盐型(HSR)。

(9)净水泥 neat cement

没有加入外加剂或外掺料的水泥。

(10)火山灰水泥 pozzolan cement

由火山灰、烧黏土、粉煤灰等硅质物质与石灰或硅酸盐水泥混合,具有高强度、抗高温、抗腐蚀性的水泥。

(11)高铝水泥 high alumina cement

以铝酸钙为主,含铝量在 50%~60%的熟料磨制而成的水泥。

(12)改性水泥 modified cement

通过外加剂(或外掺料)改变化学或物理性能的水泥。

(13)早强水泥 high-early-strength cement

水泥石早期强度发展迅速的水泥。

(14)促凝水泥 accelerated cement;quickset cement

加有促凝剂,缩短了水泥浆稠化时间的油井水泥。

(15)石膏水泥 gypsum cement

加有半水石膏,以提高早期强度的水泥。

(16)缓凝水泥 slow setting cement;retarded cement

硅酸盐水泥中由于减少 C_3S 含量和增加 C_2S 的含量或在硅酸盐水泥中加入化学缓凝剂,而延长水泥浆稠化时间的水泥。

(17)膨胀水泥 expansive cement;expanding cement

在凝固过程中体积适量膨胀的水泥。

(18)高寒水泥 permafrost cement

用石膏与水泥或高铝水泥混合,在永久冻土区使用的水泥。

(19)高温水泥 high temperature cement

在 110℃以上的温度下能延缓强度衰减的水泥。

(20)填充水泥 filler cement

掺混有填充材料的水泥。

(21)飞灰水泥 fly ash cement

由飞灰与油井水泥混配而成的水泥。

(22)胶质水泥(膨润土水泥)gel-cement;bentonite cement

用定量膨润土与油井水泥配制而成的水泥。

(23)高胶质盐水泥 high-gel salt cement

由波特兰水泥、12%～16%膨润土、3.0%～7.0%无机盐和 0.1%～1.5%分散剂配制而成的水泥。

(24)微珠水泥 microsphere cement

加有硅质空心微珠的水泥。

(25)触变水泥 thixotropic cement

加有触变剂,增强水泥浆触变性的水泥。

(26)纤维水泥 fiber cement

在干水泥或水泥浆中加有纤维物质,以提高堵漏性能和增强水泥石韧性的水泥。

(27)树脂水泥 resin cement;plastic cement

加有水溶性树脂的水泥。

(28)细水泥 small-particle-size cement

粒径大小主要分布在 1～15 μm 范围,Blaine 平均粒度为 650～900cm^2/kg 的水泥。

(29)微硅粉水泥 micro - silica flour cement

加有超微细硅粉类材料,提高控制气窜能力,降低水泥石渗透率的特种水泥。

(30)非渗透性水泥 impermeable cement

加有外加剂,在水泥浆凝固过程中能阻止气体运移并降低水泥石渗透率的水泥。

(31)酸溶性水泥 acid soluble cement;acid dissoluble cement

加有碳酸盐岩粉,以提高酸溶性的水泥。

(32)放射性示踪水泥 radioactive tracer cement

掺加有放射性示踪物质的油井水泥。

二、水泥浆

(1)水泥浆 cement slurry

水泥与配浆液按一定比例混拌后，形成的所需密度与性能的浆体。

(2)高密度水泥浆 weighted cement slurry；high density cement slurry

加重水泥浆，密度高于 $2.10g/cm^3$ 的水泥浆。

(3)常规密度水泥浆 normal density cement slurry

密度介于 $1.75\sim2.10g/cm^3$ 之间的水泥浆。

(4)低密度水泥浆 light weight cement slurry；low density cement slurry

密度介于 $1.30\sim1.75g/cm^3$ 之间的水泥浆。

(5)超低密度水泥浆 ultra - light weight cement slurry；extra-low density cement slurry

密度低于 $1.30g/cm^3$ 的水泥浆。

(6)含盐水泥浆 salt cement slurry

用含有一定量 NaCl 的配浆水配制出的水泥浆。按混合水中含盐量的百分比，一般可分为低含盐(NaCl 质量分数小于 10%)、半饱和(NaCl 质量分数约 17%)、高含盐(NaCl 质量分数大于 20%)、饱和盐水(NaCl 质量分数约 37%)4 种。

(7)泡沫水泥浆 foamed cement slurry

通过混以氮气或空气与表面活性剂配制成的水泥浆。

(8)发气水泥浆 gas cement slurry

通过在水泥和混浆液中加入化学发泡剂、稳泡剂等化学药剂配制而成的水泥浆。

(9)胶乳水泥浆 latex cement slurry

由胶乳剂、表面活性剂、水和水泥等混合配制而成的水泥浆。

(10)油基水泥浆 oil-base cement slurry

以水泥为分散相、油为分散介质配制的水泥浆。

(11)双凝水泥浆 separable setting slurry

一次固井作业注入两种不同稠化时间的水泥浆。一般先注入的水泥浆稠化时间长，后注入的水泥浆稠化时间短。

(12)海水水泥浆 seawater slurry

由海水及添加剂配制成的水泥浆。

(13)深水井水泥浆 deep water cement slurry

用于海上深水区域导管或表层套管固井的水泥浆。

(14)领浆 leading slurry

入井水泥浆前段经过专门设计的水泥浆。

(15)尾浆 tail slurry

最后注入的主要用来封隔目的层和套管鞋的水泥浆。

三、水泥浆性能

(1)油井水泥性能 oil well cement properties

指油井水泥的化学性能和物理性能。

(2)水灰比 water cement ratio

水泥浆中水对水泥的质量比。

(3)安定性 soundness;stability

反映水泥硬化后体积变化均匀性的物理性质。

(4)沉降稳定性 kinetic stability

水泥浆体系中分散相在重力作用下是否容易下沉的性质。

(5)粒度 fineness

水泥熟料被磨细的程度,以比表面积表示。

(6)游离液 free fluid

水泥浆静止过程中析出的自由水、外加剂、微细水泥颗粒及杂质组成的液体。

(7)水泥浆密度 cement slurry density

水泥浆的质量与其体积的比值。

(8)抗压强度 compressive strength

水泥石在压力作用下达到破坏前单位面积上所能承受的最大力。

(9)胶结强度 bond strength

水泥与套管或地层胶结的强度。

(10)水力胶结强度 hydraulic bond strength

水泥与套管或水泥与地层胶结面抗水压渗透能力的大小。

(11)剪切胶结强度 shear bond strength

水泥石在外力作用下,界面滑脱的初始剪切应力。

(12)强度稳定性 strength stability

水泥石强度随温度、压力和时间的变化而变化的特性。

(13)早期强度 early strength

一般指水泥浆在 8h 或更短时间的凝固强度。

(14)初凝 initial set

当水泥凝结时间测定仪(维卡仪)的试针沉入水泥浆中距底板 0.5～1.0mm 时,则认为水泥浆达到初凝。

(15)初凝时间 initial setting time;jelling time

水泥与水混合开始到初凝所经历的时间。

(16)终凝 final set

当水泥凝结时间测定仪(维卡仪)的试针沉入水泥浆中不超过 1mm 时,则认为水泥浆达到终凝。

(17)终凝时间 final setting time

水泥浆与水混合开始到终凝所经历的时间。

(18)凝结时间 setting time

水泥浆静止后的凝固特性,分为初凝时间和终凝时间。

(19)闪凝 flash set

水泥与水混合后发生快凝现象。

(20)早凝 early set

指水泥浆比预计时间提前稠化或凝固。

(21)水化热 hydration heat

水泥与水混合后,因水化反应所释放的热量。

(22)水化水 hydration water

与水泥以化学形式结合,形成一种晶体化合物需要的水。

(23)最大用水量 maximum water volume

水泥浆在常压稠度仪中搅拌 20min 后,其游离液量为 1.5%的用水量。

(24)最小用水量 minimum water volume

水泥浆在常压稠度仪中搅拌 20min 后,其常压稠度值为 30Bc 的用水量。

(25)常用水量 normal water volume

水泥浆在常压稠度仪中搅拌 20min 后,常压稠度值为 11Bc 的用水量。

(26)配浆率 slurry yield

单位质量水泥能够配制的水泥浆容积。

(27)流动度 fluidity

表示水泥浆流动的难易程度。用专门仪器测量得到的一定体积水泥浆的流散面积的平均直径来表示,单位为 cm。

(28)稠度 consistency

水泥浆的黏稠程度,用来表征水泥浆的流动特性,单位为 Bc。

(29)初始稠度 initial consistency

在水泥浆稠化时间试验中,从试验开始的 15min 内测量到的最大稠度值。

(30)稠化曲线 consistency curve

在特定的温度和压力变化程序下,水泥浆的稠度随时间变化的曲线。

(31)稠化时间 thickening time

用增压稠度仪模拟井下条件,从水泥浆加温加压时起至水泥浆稠度达到 100Bc 时的时间。

(32)水泥浆硬化过程 hardening process of cement slurry

水泥浆由液态转化为固态的过程,一般可分为 3 个阶段:首先发生水化反应后呈胶体状态,称为溶胶期;其次逐渐形成凝胶结构,丧失流动性,称为凝结期;最后是凝固后的固体状态,称为硬化期。

(33)水泥石强度 cement strength

指水泥浆凝固成水泥石后可以承受各种外载荷的能力。

(34)胶凝强度 gel strength

静切力,水泥浆在静止状态下产生永久变形的最低剪切应力,即胶体形成胶凝能力的大小。

(35)水泥石渗透性 permeability of set cement

水泥石可通过油、气、水流动的能力。

(36)水泥浆滤失量 fluid loss of cement slurry

在 6.9MPa 的压差条件下,用规定的失水仪器,在 30min 所测量水泥浆的滤失量。

(37)水泥浆动滤失量 dynamic fluid loss of cement slurry

水泥浆在动态条件下测定的滤失量。

(38)水泥水合作用 cement hydration

水泥与水之间发生化学反应形成水泥石的过程。

(39)水泥浆脱水 cement dehydration

水泥浆滤失量测定过程中出现气穿的现象。

(40)可泵性 pumpableability

水泥浆可泵送的难易程度。

(41)水泥浆流变性 cement slurry rheologycal behavior

水泥浆在外力作用下产生流动和变形的特性。

(42)模式选择系数 coefficient of model selection

以剪切应力与剪切速率同模式吻合程度来确定流变模式,即以流变参数差值比。计算式为:

$$F=\frac{\varphi_{200}-\varphi_{100}}{\varphi_{300}-\varphi_{100}}$$

式中:F 为模式选择系数;φ_{100}、φ_{200}、φ_{300} 分别为六速旋转黏度计 100 转、200 转和 300 转的读数。

(43)微环空间隙 micro-annulus

在套管与水泥环之间径向厚度小于 0.1mm 的环形间隙。

(44)窜槽 channeling

水泥浆顶替钻井液不完善,或地层流体侵入,造成水泥环的不完整性。

(45)水泥浆失重 losing weight of cement slurry

水泥浆凝固过程中,静液柱压力逐渐降低的现象。

(46)环空气窜 annular gas channeling

地层中的气体通过封固井段运移的现象。

(47)注水泥时间 cementing time

从混合水泥浆开始直至上胶塞碰压为止所经过的总时间。

四、水泥外加剂

(1)水泥外加剂 cement additive

用来调节水泥浆性能、添加量小于 5%的材料的总称。

(2)外掺料 addition of cement

为改善水泥浆的物理化学性能，添加量大于5%的固体材料的总称。

(3)促凝剂 accelerator

用于缩短水泥浆稠化时间的外加剂。

(4)缓凝剂 retarder

用于延长水泥浆稠化时间的外加剂。

(5)减阻剂(分散剂)friction reducer;dispersant

用来降低水泥浆的表观黏度和动切力，使其在相对低速注替条件下易进入紊流状态的外加剂。

(6)减轻剂 light-weight additive;density reducing additive

用来降低水泥浆密度的外掺料或外加剂。

(7)降滤失剂 fluid loss control agent;filtrate reducer

用来降低水泥浆滤失量的外加剂。

(8)防冻剂 antifreeze

能降低水泥浆中水的冰点，在低温下加速水泥浆凝结与硬化的外加剂。

(9)填充剂 filler

为增加水泥浆的造浆率或者降低水泥浆的密度而加入的材料。

(10)泡沫稳定剂 foam stabilizer

在泡沫水泥浆中，能降低固—液—气相界面的张力，有利于气泡的形成和稳定，提高气泡膜强度的外加剂。

(11)热稳定剂 thermal stabilizing agent;thermal stabilizer

为防止水泥石在高温条件下强度衰退与破坏而加入的外掺料。

(12)飞灰 fly ash

煤粉燃烧后的灰烬粉尘。含硅或硅、铝等材料，属于油井水泥减轻剂。

(13)消泡剂 antifoamer

以减少或避免水泥浆中气泡形成，或减少与消除水泥浆中已有气泡为目的添加剂。

(14)增强剂 strength enhancing agent

用于增强水泥石强度的外加剂或外掺料。

五、前置液

(1)冲洗液 washes;washing fluid

为冲洗和稀释钻井液而使用的一种液体。

(2)隔离液 spacer

为隔离井眼中钻井液和水泥浆而使用的一种特殊液体。

(3)前置液 preflush;ahead fluid

注水泥前，在钻井液与水泥浆之间注入的一段特殊配制的液体。通常由冲洗液和隔离液两部分组成。

六、仪器和装备

(1)水泥试验仪器及装备 cement test instrument and equipment
油井水泥与水泥浆试验的专用仪器及设备。
(2)恒速搅拌器 constant speed mixer
转速为 4 000r/min 和 12 000r/min 的制备水泥浆专用的搅拌仪器。
(3)稠化仪 consistometer
测定水泥浆稠化时间的仪器。
(4)常压稠化仪 atmospheric consistometer
常压条件下测定水泥浆稠化时间的仪器。
(5)增压稠化仪 pressurized consisometer
特定温度和压力条件下测定水泥浆稠化时间的仪器。
(6)水泥渗透仪 cement permeability measuring device
测定水泥石渗透性的仪器。
(7)抗压强度测试仪 compressive strength tester
测定水泥试样抗压强度的仪器。
(8)增压养护釜 pressurized curing chamber
模拟井下温度，特定压力条件下养护水泥试样的仪器。
(9)养护 curing
在适当的温度、压力和湿度条件下，使水泥浆试样水化硬化的过程。
(10)常压养护 atmospheric curing
大气压条件下，在给定的温度和湿度条件下对水泥试样的养护。
(11)增压养护 pressurized curing
在给定温度和压力条件下对水泥浆试样的养护。
(12)动态失水仪 dynamic filtration test apparatus
在动态条件下测定水泥浆滤失量的仪器。
(13)水泥浆气窜模拟分析仪 slurry anti-migration analyzer
在一定温度压力条件下模拟地层流体侵入水泥浆的试验仪器。
(14)超声波水泥强度分析仪 ultrasonic cement analyzer(UCA)
利用超声波无损测量水泥石强度的一种仪器。
(15)流变仪 rheometer
在特定条件下测定水泥浆流变参数的仪器。